U0170010

建筑防水施工宝典

主　编　夏仁宝

副主编　段启全　陶雪松　夏经纬

　　　　郭淼江　郑　珊

中国建材工业出版社

图书在版编目（CIP）数据

建筑防水施工宝典 / 夏仁宝主编；段启全等副主编
. --北京：中国建材工业出版社，2022.11
ISBN 978-7-5160-3559-7

Ⅰ . ①建… Ⅱ . ①夏… ②段… Ⅲ . ①建筑防水－工
程施工 Ⅳ . ① TU761.1

中国版本图书馆 CIP 数据核字（2022）第 141922 号

建筑防水施工宝典
Jianzhu Fangshui Shigong Baodian

主　编　夏仁宝

副主编　段启全　陶雪松　夏经纬　郭淼江　郑　珊

出版发行：中国建材工业出版社
地　　址：北京市海淀区三里河路11号
邮　　编：100831
经　　销：全国各地新华书店
印　　刷：北京印刷集团有限责任公司
开　　本：787mm×1092mm　1/16
印　　张：8
字　　数：140千字
版　　次：2022年11月第1版
印　　次：2022年11月第1次
定　　价：80.00元

序
PREFACE

　　遮风避雨是人类生活的最低需求，当今人类社会已从基本需求向高级需求全面转化，现代建筑本应赋予我们的是安全、健康和舒适的生活，但我们还在为渗漏水带来的安全隐患和烦恼而担忧。

　　2014年，中国建筑防水协会、北京零点市场调查与分析公司曾联合发布《2013年全国建筑渗漏状况调查项目报告》，抽样调查涉及全国28个城市、850个社区，共计勘察2849栋楼房，访问3674户。抽样调查了建筑屋面样本2849个，其中有2716个出现不同程度地渗漏，渗漏率达到95.33%；抽样调查了地下建筑样本1777个，其中有1022个出现不同程度地渗漏，渗漏率达到57.51%；抽样调查了住户样本3674个，其中有1377个出现不同程度地渗漏，渗漏率达到37.48%。

　　建筑渗漏一直是久治不愈的顽疾，2013年10月住房城乡建设部发布《住房城乡建设部关于深入开展全国工程质量专项治理工作的通知》（建质〔2013〕149号），将渗漏列入建筑工程质量通病之首，并规划用五年时间进行重点专项治理。2014年9月住房城乡建设部发布《工程质量治理两年行动方案》，进一步明确工程质量主体责任。

　　我曾经应邀去友人家作客，友人住的是别墅，环境优美，可整个外墙用玻璃包裹得严严实实，一问才知道，原来南方多雨水，房子漏了修，修了又漏，实在是"忍无可忍"，出此下策。

　　建筑防水是建筑的基本功能要求，关乎百姓民生与安康，关乎建筑安全与寿命。因此，建筑业必须高质量发展，新制定的国家全文强制性工程建设规范《住宅项目规范（征求意见稿）》《建筑和市政工程防水通用规范（征求意见稿）》将大幅度提高建筑防水设计工作年限，由原来的法定保修5年，提高到屋面工程不应低于20年、室内工程不应低于25年、地下工程不应低于建筑结构设计工作年限（住宅工程50年）。

　　前段时间我在整理资料时，发现多年积累下来的一大堆建筑防水工程资料，这些资料是众多工程防水成败的真实记录，遂将其整理成册出版，取其名曰"建筑防水宝典"，以飨读者，希望对解决建筑渗漏水问题有所帮助。

　　本书作者有从事建筑防水研究的，也有从事建筑防水设计、施工的，书中内容是编者几十年从事建筑防水工程的实践总结，图片均取自实际工程，包括建筑大多数渗漏水现象，内容丰富、翔实、直观，便于读者准确、快速地找到渗漏水的症结所在，并给出具有实战经验的解决渗漏水的方法。

2022 年 4 月于杭州

目 录
CONTENTS

1 建筑防水工程通用宝典

建筑防水工程是保证建筑物、构筑物的结构不受水的侵袭、内部空间不受水的危害的一项子分部工程，建筑防水工程在整个建筑工程中占有重要的地位。建筑防水工程涉及建筑物、构筑物的地下室、墙地面、屋顶等诸多部位，其功能就是要使建筑物、构筑物在设计使用年限内，防止雨水及生产、生活用水的渗透和地下水的侵蚀，确保建筑结构、内部空间不受到污损，为人们提供一个舒适和安全的生活空间环境。

建筑防水工程包括防止雨雪和地下水从屋面、外墙、地下建筑等外围护结构渗入室内，同时也要防止浴房、卫生间、厨房等部位的生活用水向周边部位漫延，这是房屋建筑满足人们生产、生活要求的基本功能。建筑防水失败，将造成财产的损失。水的长期侵入，会腐蚀木结构、危害钢结构，使钢筋锈蚀、混凝土裂缝发展，损坏结构主体，危及结构安全，缩短使用寿命。住宅还可能导致病态楼宇综合征，滋生邻里矛盾，引发纠纷。另外，绿色、节能、环保、生态及智能技术均依赖于一个安全可靠的平台才能健康发展，而建筑防水乃是这一平台最基本的保障之一。

建筑防水是指为防止水对建筑物、构筑物某些部位的渗透而从建筑材料上和建筑构造上所采取的一些措施。按建筑物、构筑物工程出现渗漏水的主要部位，建筑防水可划分为屋面防水、地下防水、室内厕浴间防水、外墙面防水以及特殊建筑物、构筑物和重点部位防水。按其采取的主要措施和手段的不同，建筑防水分为材料防水和构造防水两大类。材料防水是靠建筑材料阻断水的通路或增加抗渗漏的能力，以达到防水的目的，如卷材防水、涂膜防水、混凝土及水泥砂浆刚性防水以及黏土、灰土防水等。构造防水则是采取合适的构造形式，阻断水的通路或将水排走，以达到防水的目的，如止水带、混凝土挡坎、空腔构造、瓦屋面等。按主要设防材料的抗变形能力进行分类，建筑防水可分为刚性防水和柔性防水。刚性防水是指用防水混凝土、防水水泥砂浆等无机防水材料构成防水层。柔性防水主要有卷材防水、涂膜防水等。按主要结构自身的防水能力分类，建筑防水可分为结构自防水和附加防水。利用结构自身具有的防水能力进行防水的叫结构自防水，如地下室钢筋混凝土结构自防水等。需要在结构面增加防水层的防水叫附加防水。

随着科学技术的不断发展，在建筑防水工程中也不断涌现出许多新型构造形式和新型防水材料，施工工艺也相应得到较大发展，如喷涂橡胶沥青防水涂料、自粘聚合物改性沥青防水卷材、湿铺防水卷材、预铺反粘防水卷材等新型防水材料及施工工艺。随着生活水平的提高，人们对防水的要求也越来越高，《住宅项目规范（二次征求意见稿）》已将法定防水保修期 5 年，大幅度提高到屋面工程不应低于 20 年、室内工程不应低于 25 年、地下工程不应低于建筑结构设计工作年限 50 年。

建筑防水是个系统工程，涉及设计、施工、材料、使用管理和维护等各个方面。要实现上述防水工作目标，以下建筑防水工程通用性原则必须遵守：

1. 刚柔相济

所谓"刚柔相济"，即刚性防水与柔性防水要互相帮助、互相促成、互相调运，完成预定的防水设防功能。因为柔性防水具有较好的变形适应性，密封性好，能适应正常的结构变形需要，特别适用于温差变形较大的部位防水，其主要缺点是防水材料易老化失效，很难做到与结构同寿命，且施工相对复杂。混凝土结构自防水属于刚性防水，其优点是施工工序少、工期短、成本低、耐久性好，可以做到与结构同寿命，其主要缺点是遇到较大的变形（温差、荷载、差异沉降等引起）易开裂，贯穿裂缝产生渗漏水，使防水失效。所以一般要求在结构自防水后再做一道柔性防水层，充分发挥刚性防水与柔性防水各自的优点，规避各自性能的不足，达到最佳的综合防水效果。

2. "皮肤式"防水

强调在"刚柔相济"的防水原则下，如何使刚性防水与柔性防水满粘，不因"窜水"导致防水失效。

常规防水工程施工前，为了满足基层平整度要求，一般均需用水泥砂浆（或细石混凝土）做找平层，由于骨料较细，厚度薄（15~35mm），本身收缩量大，加上找平层基本上都由土建施工单位完成，管理上普遍存在"重结构、轻构造（认为找平层主要就是找平）"，找平层施工前基层清理不干净、施工后养护不到位，因此，在目前的工程施工管理水平低下，强度低、易空鼓、易开裂、易起砂是当前大面积找平层的通病。找平层一旦开裂，增加满粘防水层被拉裂的风险，即所谓"零延伸断裂"；同时由于找平层空鼓和本身不防水，从被拉裂的防水层（或防水层本身施工缺陷处）进去的水就可以在找平层内自由"窜"动即"窜水"，一旦在钢筋混凝土板上"寻找"到裂纹、疏松等缺陷，无孔不入的水就会通过该渗漏点进入室内（图1-1）。

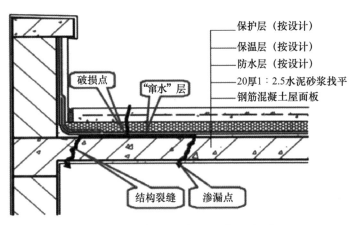

图 1-1　"窜水"渗漏现象示意图

　　"皮肤式"防水被实践证明是行之有效的防水方法，能杜绝"窜水"现象的发生，充分体现了"刚柔相济"的防水理念，较好地解决了结构自防水在较大变形作用下易开裂渗漏的不足。"皮肤式"防水的实质是要让柔性的附加防水这层"皮"直接粘贴在坚实、清洁的结构自防水基面上，在整个防水层服役期内，使柔性附加防水层与刚性结构自防水基层始终保持"刚柔相粘、一体工作"。因此，不但要取消柔性防水层下的常规找平层、找坡层，还要对结构基面进行认真清理，让附加柔性防水层直接依附在坚实的自防水结构面上，而不是依附在常规找平层上。

　　为了实现"皮肤式"防水，杜绝"窜水"现象，结构基面浮浆应清理干净。目前，结构基面清理最有效、最高效的方法是抛丸处理，即把特制的钢丸以很高的速度和一定的角度抛射到结构面上，让丸料冲击工作表面，然后通过内部负压分离气流，将丸料和清理下来的杂质分别回收，丸料重复使用，可以做到无扬尘、无污染，连续作业（图1-2）。

图 1-2　结构面抛丸作业及效果（右图为混凝土面抛丸前后效果比对）

结构基面经抛丸处理后：

（1）彻底去除混凝土表面浮浆层，形成 100% "创面"而又不破坏基面结构，"露骨"而又不会造成骨料松动和微裂纹，使混凝土表面形成均匀坚实的麻面，增强防水材料或底涂的附着力并提供一定的渗透效果，彻底杜绝"窜水"，真正实现"皮肤式"防水。

（2）进一步暴露混凝土缺陷，有利于提前做好缺陷的修补。

（3）施工速度快、工效高，适宜大面积快速作业，常用 2-20DT 型抛丸机，能达到 5000~8000m²/ 台班。

（4）实现混凝土面清理和垃圾回收一次完成，且施工无扬尘，非常环保。

找平层"窜水"带有普遍性和原理的相似性。屋面、室内厕浴间、地下室顶板均属于水平防水构件，只要按上述要求处理（面积较小的厕浴间，可以改用角向磨光机等小型电动工具来打磨处理混凝土基面），渗漏率肯定会大大降低。地下室侧墙和上部结构外墙，均属于垂向防水构件，找平层"窜水"现象同样存在。对地下室侧墙，目前防水混凝土浇筑时，一般都使用光面钢模板或细木工板做模板，而且在建地下室时，模板刚开始使用且都是新的，因此混凝土成型后，表面一般都比较平整、光滑，有时为了找平，还得人为去凿毛，因此完全没必要去找平，拆模后，只要将个别接缝处凸出的疙瘩清除掉，对表面个别混凝土缺陷用聚合物水泥砂浆修补，即可按设计要求进行附加防水层施工。对上部砌体结构外墙防水，实践证明，"随砌随勾缝"能在一定程度上提高砌体结构自防水能力；同时建议砌体"抹面防水"二合一。为了降低抹面厚度，外侧应为正手墙，并加强养护，以降低"窜水"风险。

3. 应贯彻"结构自防水为主、附加防水为辅"的防水理念

结构本体防水是建筑防水不可或缺的组成部分，具有耐久性好的特点，即使是普通 C20 以上混凝土，只要按标准要求浇捣、养护，自身都具备一定的抗渗漏水能力，是建筑重要的基础防水。因此应高度重视结构自防水质量。

首先，应加强结构基层验收。按照现行《混凝土结构工程施工质量验收规范》（GB 50204）要求，对结构基层进行验收，在验收合格的基础上，针对验收中发现的裂缝、孔洞、蜂窝、疏松等缺陷应事先进行修补；对个别错台，应凿、磨平顺。

其次，在做附加防水层前应对结构本体进行淋（蓄）水试验，一旦有渗漏，漏点易找，堵漏省时、省力、效果好；同时对结构本体还兼具养护作用，真是一举多得。因此必须强化对基层结构淋（蓄）水试验重要性的认识。图 1-3 为某楼盘屋面结构蓄水试验。

图 1-3（a）为板面蓄水试验，图 1-3（b）为渗漏点检查封堵。蓄水时间 24h，蓄水高度为 20~30mm，目测无渗漏水。蓄水试验过程中，如果发现有渗漏水现象，应在附加防水层施工前进行封堵处理，封堵好后还应对封堵部位再做一次蓄水试验，直到完全无渗漏水为止。

（a）　　　　　　　　　　　　　　（b）

图 1-3　某楼盘屋面结构蓄水试验

显然，按现行做法，如果仅在防水层甚至装饰层施工完成后再去做淋（蓄）水试验，一旦发现渗漏，漏点难找，开挖面大，维修时间长，维修成本高；即使当初淋（蓄）水试验时不漏，也不能保证在今后使用中不漏，有可能由于做了防水层、装饰层后，水的渗透路径延长了，延缓了渗漏水时间而已，不排除投入使用后还会出现渗漏水现象，将来维修起来更麻烦！因此，应认真对待结构本体的淋（蓄）水试验。

4. 在屋面、地下室顶板等水平防水部位，应大力推广"非固化涂料＋卷材"复合防水做法，提高防水可靠性

"非固化涂料＋卷材"复合防水施工（图1-4），是在结实、干净的基面上先涂刮一层一定厚度的非固化防水涂料，然后再在上面铺贴防水卷材的一种复合防水做法。非固化防水涂料可以渗透到基层混凝土的微裂缝、微孔洞内，堵塞毛细孔道，增强与基层的黏结力，杜绝"窜水"现象，构成"混凝土结构板＋非固化涂料＋卷材"的一体防水体系，符合"刚柔相济""皮肤式"防水原则；同时由于防水涂料是非固化的，在使用寿命期内能适应较大的变形需要，吸收由于基层热胀冷缩、开裂等变形对防水卷材带来的影响，保证防水层在使用寿命内的完整性。

（a）刮涂　　　　　　　　　　　　　　　（b）喷涂

图1-4　"非固化涂料＋卷材"复合防水施工

复合防水层设计的前提是卷材和涂膜要相容。相容性是指相邻两种材料之间互不产生有害的物理和化学作用的性能。这里所指的"互不产生有害"，既指材料之间不会发生影响产品性能的化学反应，如相互之间产生溶胀或材料间组分的相互迁移，也包括施工过程中和形成复合防水层后不会产生不利的影响，如卷材施工过程中破坏已经成膜的涂料，涂料固化过程中造成卷材起鼓等。

使用过程中除要求两种材料材性相容外，同时要求两种材料不得相互腐蚀，施工过程中不得相互干扰。复合防水层中的防水涂膜和防水卷材应复合成为一个完整的层次，不能产生脱离现象，否则就不是复合防水层，而是单独的涂膜防水层和卷材防水层了。

非固化橡胶沥青防水涂料是目前复合防水层最合适的防水涂料，施工时，在刮（喷）涂防水涂料的同时将防水卷材粘贴在涂膜上，使防水涂膜和防水卷材形成一个整体。热熔型的非固化橡胶沥青防水涂料只能与改性沥青防水卷材复合，冷施工的非固化橡胶沥青防水涂料既可与改性沥青防水卷材复合，也可与合成高分子防水卷材复合，形成复合防水层。

5. 尽可能在迎水面设防

迎水面防水是防水设防的普遍性原则，适用于屋面、地下、外墙和建筑室内等所有需要做防水的部位，除了无法进行迎水面防水的部位外，防水层均应设置在迎水面。与背水面防水相比，迎水面防水的可靠性更高，使用年限更长，也更利于施工的实施。防水层设置在迎水面除了满足防水的功能性要求外，还能起到对建筑结构的保护作用。

6. 以防为主，防排结合

建筑防水必须防止室外的水渗透到室内和防止室内用水渗漏到楼下或同层的干燥房间。为了达到这个目的，必须在屋面、外墙、地下室等外围护结构和用水的室内房间的迎水面进行全面的防水施工。如干湿分区的卫生间，湿区的地面和墙面应在迎水面设置防水层，墙面的设防高度不小于1.8m，最好与饰面层高度相同，即延伸至吊顶以上。干湿分界线部位应从结构面开始设置挡水条，防止湿区的废水从饰面层下向干区漫延。湿度经常超过80%及有蒸汽的房间，室内的六个面即地面、顶板和四周墙面均应做防水隔汽层，防止湿气通过墙体、地面、顶板渗入结构，使干燥区域的交界面发生受潮、霉变等问题。对屋面、用水的建筑室内，需要将雨水、废水及时排走，使屋面、地面不会产生积水现象，这既是使用功能的要求，同时也可以减轻防水层的压力，延长防水层的使用年限。

7. 加强基层质量管控，提高综合防水效果

（1）混凝土浇捣采取"随捣随抹""二次压光"工艺，有助于减少混凝土固化后细裂缝、起砂现象的发生，提高结构自防水能力。

（2）对有混凝土缺陷的部位应先修补，如封堵孔洞；遇有大于0.4mm的裂纹应进行修补；对蜂窝、疏松部位均应凿除，用高压水冲刷至露出坚实混凝土后修补。

（3）当基层平整度不能达到防水材料铺贴要求时，可进行局部或整体找平处理。找平用的水泥砂浆要求有一定的强度，最好使用黏结性能好、有防水功能的聚合物水泥防水砂浆。基层平整度宜控制在不大于5mm，对防水涂料可适当放宽。

（4）聚氨酯等油性涂料施工前，基面应坚固、干净、无灰尘，且干燥；聚合物水泥等水泥基涂料施工前，基面应坚固、平整、干净、无灰尘，确保基面充分湿润。

（5）卷材施工前，基层阴阳角应做圆弧或45°坡角，铺贴防水卷材前，基层应清理干净、干燥，并应涂刷基层处理剂。基层应坚实、平整、洁净，无空鼓、起砂、裂缝、松动和凹凸不平的现象。

（6）基面处理：基层混凝土表面浮灰较多或基层表面平整度较差时，顶板防水施工前，应进行混凝土表面抛丸处理，通过抛丸喷砂机把一定直径的钢砂、钢珠等坚硬颗粒物以较快的速度和相应的角度喷射到待处理的工作面表面上，让颗粒材料高速冲击工作面表面，形成锤击效应，以清理工作表面上的杂物、附着物，形成均匀粗糙的表面效果，继而实现下承层面板与后道防水工序更好的黏结，具有更好的整体性，达到较高的防水效果。

（7）基层淋（蓄）水试验：卫生间、平屋面等平面防水施工前应进行结构板蓄水试验，斜屋面、外围护防水施工前应对基层进行淋水试验以提高建筑本体自防水能力。若发现渗漏水情况应及时进行处理，直至建筑本体无明显渗漏水现象方可进行后道附加防水层施工。

现行标准一般要求在防水层施工完成后，做一次淋（蓄）水试验，检验防水工程施工质量是否合格，这种检验是必要的。但是笔者认为这种检验不够严谨，因为按照产品合格性要求，应在"前道工序检验合格的基础上才能进行后道工序施工"，也就是说，前道基层未进行淋（蓄）水试验合格，是不可以进行后道附加防水层施工的。因此建议增加基层淋（蓄）水试验，对砌体外墙，可在完成基

层粉刷、外墙防水施工前进行；对钢筋混凝土板，可在基层处理完成后进行。发现渗漏及时修补，这样既可大幅度提高建筑本体防水能力，又对基层进行了一次浇水养护，一举两得。

8. 淋（蓄）水试验方法

（1）立面、斜面现场淋水试验

淋水管线，可用 ϕ25mm PVC 管，用 3mm 钻头在管上沿直线钻孔，孔距宜为 180~200mm，淋水管离墙距离不宜大于 150mm，喷水压力不应低于 0.3MPa，喷水方向与水平方向角度应为向下 30° 左右，在被测区表面形成均匀水幕。淋水试验应自上而下进行，为保证水流流量和压力，沿外立面高度方向每 6~10m 宜增设一条淋水管，不间断淋水不少于 2h。

淋水管线设置如图 1-5、图 1-6 所示。

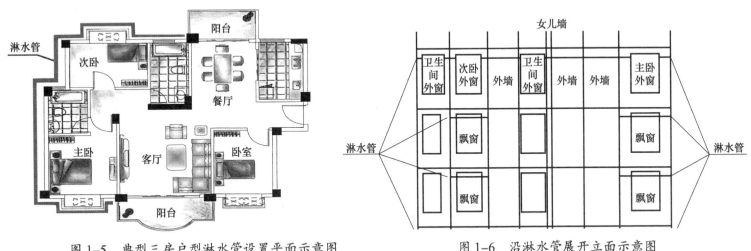

图 1-5　典型三房户型淋水管设置平面示意图　　　图 1-6　沿淋水管展开立面示意图

淋水试验结束后，由参建各方人员共同对外墙及外窗进行检查，并形成检查记录备查。对淋水试验检查出的渗水部位，各方必须共同分析原因，进行整改处理后，重新对渗漏部位进行淋水试验，直至不再出现渗漏点为止。外墙及门窗现场淋水试验执行 JGJ/T 299—2013 和 JG/T 211—2007 标准相关规定。每栋楼淋水试验影像资料需存档。

（2）雨后渗漏检查

大雨过后，由参建各方人员共同对外墙及外窗进行检查，并形成检查记录备查。对雨后检查出的渗水部位，各方必须共同分析原因，进行整改处理后，重新对渗漏部位进行淋水试验，直至不再出现渗漏点为止。

（3）蓄水试验

屋面结构板、露台结构板、阳台结构板、卫生间结构板、楼板吊洞等部位需做 24h 闭水试验。

卫生间防水层完工后将门口与地漏封堵，进行二次闭水试验。闭水时间不少于 24h，闭水高度不低于 25mm，并比楼板与导墙相接处高出 20mm 以上；做好闭水试验观察记录，如发现渗漏及时整改，直至再次闭水试验验收合格。

外墙需做全面淋水试验。

2 建筑防水材料选用宝典

防水材料选用合理与否是防水成败的重要一环。现在市面上防水材料品种繁多，形态不一，性能各异，价格高低悬殊，施工方法不同。应综合考虑工程地质水文、施工季节、当地气候、结构形式、使用条件、变形差异以及特殊部位等因素科学选择防水材料，以满足耐热老化、耐腐蚀、耐穿刺、防止窜水以及抵抗基层开裂产生等要求。

防水材料的选择应遵循以下原则：

（1）防水材料按是否长期暴露在外，受阳光紫外线照射、雨雪直接侵蚀、昼夜及季节温差影响，分为暴露式防水材料和非暴露式防水材料。暴露式防水材料，如丙烯酸涂料、聚脲涂料、细砂面或页岩面 SBS 卷材、三元乙丙卷材、PVC 卷材、TPO 卷材、防水砂浆等；非暴露式防水材料，如聚氨酯涂料、JS 涂料、非固化涂料、SBS 卷材、各种自粘卷材等。

（2）防水材料按基层是否潮湿，分为潮湿基面用防水材料和干燥基面用防水材料。潮湿基面用防水材料，如防水砂浆、JS 防水涂料、聚乙烯丙纶卷材、各种湿铺法施工卷材等；干燥基面用防水材料，如聚氨酯涂料、非固化涂料、SBS 卷材、自粘卷材等。

（3）对处于地下水位以下的防水层应选用耐水性好的防水材料，如 SBS 卷材。

（4）对处于腐蚀性环境中的防水层应选用耐腐蚀能力强的防水材料，如无机防水材料。

（5）应选择对环境和人身健康无害的防水材料和施工工法。必要时应采取措施，防止对周围环境造成污染。同时注意施工过程中对操作人员的人身健康带来的职业危害，采取相应的防护措施。建筑防水涂料按有害物质含量分为 A 级、B 级。室内和通风不良场所宜选用 A 级。

（6）应选择国家标准产品。

2.1 防水卷材

改性沥青防水卷材是以苯乙烯 - 丁二烯 - 苯乙烯（SBS）热塑性弹性体、无规聚丙烯（APP）、丁苯橡胶（SBR）等为石油沥青改性剂，两面覆以隔离材料而制成的防水材料。它按照改性材料和性状的不同分为弹性体改性沥青防水卷材（简称"SBS 防水卷材"）、塑性体改性沥青防水卷材（简称"APP 防水卷材"）、自粘聚合物改性沥青防水卷材、湿铺防水卷材（沥青基聚酯胎 PY 类）和种植屋面用耐根穿刺防水卷材（沥青类）。

弹性体改性沥青防水卷材按胎基分聚酯毡、玻纤毡、玻纤增强聚酯毡；按材料性能分为Ⅰ型、Ⅱ型。其性能应符合现行国家标准《弹性体改性沥青防水卷材》（GB 18242）的要求。该卷材具有良好的耐低温和耐高温性，尤其是耐低温性能可达 -20℃。

塑性体改性沥青防水卷材按胎基分聚酯毡、玻纤毡、玻纤增强聚酯毡，按材料性能分为Ⅰ型、Ⅱ型。其性能应符合现行国家标准《塑性体改性沥青防水卷材》（GB 18243）的要求；该卷材具有良好的耐高温和耐低温性，尤其是耐高温性能可达 110℃以上。

自粘聚合物改性沥青防水卷材按有无胎基增强分为无胎基（N 类）、聚酯胎基（PY 类），按材料性能分为Ⅰ型、Ⅱ型。其性能应符合现行国家标准《自粘聚合物改性沥青防水卷材》（GB 23441）的要求。

湿铺防水卷材为采用水泥净浆或水泥砂浆拌和物黏结的聚合物改性沥青防水卷材，按增强材料分为高分子膜基防水卷材和聚酯胎基防水卷材，高分子膜基防水卷材又分为高强度类、高延伸率类。其性能应符合现行国家标准《湿铺防水卷材》（GB/T 35467）的要求。

高分子防水卷材是以合成橡胶、合成树脂为基料，加入适量的化学助剂，采用混炼、塑炼、压延或挤出成型、硫化定型等橡胶或塑料的加工工艺所制成的无胎、有胎的弹性或塑性的防水卷材。按照主要材料组分和应用方式分为三元乙丙橡胶（EDPM）防水卷材、乙烯 - 醋酸乙烯（EVA）防水卷材、氯化聚乙烯橡胶共混防水卷材、聚氯乙烯（PVC）防水卷材、热塑性聚烯烃（TPO）防水卷材、预铺防水卷材（高分子 P 类）和种植屋面用耐根穿刺防水卷材（高分子类）。

三元乙丙橡胶（EDPM）防水卷材、乙烯 - 醋酸乙烯（EVA）等高分子防水卷材应符合现行国家标准《高分子防水材料 第 1 部分：片材》（GB 18173.1）的要求。

聚氯乙烯（PVC）防水卷材按产品组成分为均质卷材（H）、带纤维背衬卷材（L）、织物内增强卷材（P）、玻璃纤维内增强卷材

（G）、玻璃纤维内增强带纤维背衬卷材（GL）。其性能应符合现行国家标准《聚氯乙烯（PVC）防水卷材》（GB 12952）的要求。

热塑性聚烯烃（TPO）防水卷材按产品组成分为均质卷材（H）、带纤维背衬卷材（L）、织物内增强卷材（P）。其性能应符合现行国家标准《热塑性聚烯烃（TPO）防水卷材》（GB 27789）的要求。

预铺是由主体材料、自粘胶、表面防粘保护层、隔离材料构成的，与后浇混凝土黏结的防水卷材。主体材料为塑料类（P类）的预铺防水卷材应用较为广泛，其性能应符合现行国家标准《预铺防水卷材》（GB/T 23457）的要求。

沥青类种植屋面用耐根穿刺防水卷材的性能应符合现行国家标准《种植屋面用耐根穿刺防水卷材》（GB/T 35468）中规定的弹性体、塑性体改性沥青防水卷材Ⅱ型的要求。

高分子类种植屋面用耐根穿刺防水卷材的性能应符合现行国家标准《种植屋面用耐根穿刺防水卷材》（GB/T 35468）中高分子防水卷材的要求。

2.2 防水涂料

聚氨酯防水涂料分单组分、双组分两种。由异氰酸酯与聚醚等经加聚反应制成的含异氰酸酯基预聚物，配以固化剂（双组分）或催化剂、填充剂和各种助剂等混合加工而成，是一种性能优良的反应固化型防水涂料。其性能应符合现行国家标准《聚氨酯防水涂料》（GB/T 19250）的要求。地下水位较高地区，在地下建筑工程应用时应具有良好的耐水性。

聚合物水泥防水涂料又称JS复合防水涂料，是以丙烯酸酯、乙烯-醋酸乙烯酯等聚合物乳液为主要原料，与各种添加剂组成的有机液以及水泥、石英砂及各种添加剂、无机填料组成的粉料通过合理配比，复合制成的一种双组分水性防水涂料，属于有机与无机复合型防水材料。按物理力学性能分为Ⅰ型、Ⅱ型和Ⅲ型，Ⅰ型适用于活动量较大的基层，Ⅱ型和Ⅲ型适用于活动量较小的基层。其性能应符合现行国家标准《聚合物水泥防水涂料》（GB/T 23445）的要求。地下水位较高地区，在地下建筑工程应用时应具有良好的耐水性。

聚合物乳液防水涂料是以丙烯酸酯、乙烯-醋酸乙烯酯等乳液为主要原料，加入其他添加剂而制得的单组分水乳型防水涂料，可在非长期浸水环境下的建筑防水工程中应用。按物理力学性能分为Ⅰ、Ⅱ类。其性能应符合现行行业标准《聚合物乳液建筑防水涂料》（JC/T 864）的要求。

非固化橡胶沥青防水涂料是以橡胶、沥青为主要原材料，加入助剂混合制成的在应用状态下长期保持黏性膏状体的防水涂料，是组成复合防水层最合适的防水涂料之一。非固化橡胶沥青防水涂料始终保持黏滞状态，即使基层变形，涂料也几乎没有应力传递；与基层一直保持黏附状态，即使开裂也能保持与基层的再黏结，具有良好的防窜水功能。与卷材复合使用时，不会将基层变形产生的应力传递给卷材，避免了卷材高应力变形状态下的老化和破坏。其性能应符合现行行业标准《非固化橡胶沥青防水涂料》（JC/T 2428）的要求。

2.3 刚性防水材料

水泥基渗透结晶型防水涂料是以硅酸盐水泥、石英砂为主要成分，掺入一定量的活性化学物质制成的粉状的防水材料。其性能应符合现行国家标准《水泥基渗透结晶型防水材料》（GB 18445）的要求。

聚合物水泥防水砂浆是以水泥、细骨料为主要原材料，以聚合物和添加剂等为改性材料并以适当的配比混合而成的防水材料，具有较好的抗裂性和防水性，以及一定的柔韧性，与各种基层有较好的黏结力，可在潮湿基面施工。在施工现场，只需按配比混合搅拌或加水搅拌即可施工。其各项性能应符合现行《聚合物水泥防水砂浆》（JC/T 984）的要求。在外墙防水保温工程中，选用的防水砂浆要保证与保温层间具有良好的黏结性。

普通防水砂浆分为湿拌防水砂浆和干混防水砂浆两种。湿拌防水砂浆是用水泥、细骨料、水以及根据防水性能确定的各种外加剂，按一定比例，在搅拌站经计量、拌制后，采用搅拌运输车运至使用地点，并在规定时间内使用完毕的湿拌拌和物。干混防水砂浆是经干燥筛分处理的骨料与水泥以及根据防水性能确定的各种组分，按一定比例在专业生产厂混合而成，在使用地点按规定比例加水或配套液体拌和使用的干混拌和物。其各项性能应符合现行国家标准《预拌砂浆》（GB/T 25181）的要求。

聚合物水泥防水浆料以水泥、细骨料为主要原材料，以聚合物和添加剂等为改性材料并以适当的配比混合而成的单组分或双组分防水浆料。按物理力学性能分为Ⅰ、Ⅱ型。其性能应符合现行行业标准《聚合物水泥防水浆料》（JC/T 2090）的要求。

无机防水堵漏材料是以水泥和添加剂混合而成的防水材料。按凝结时间和用途分为缓凝型和速凝型，缓凝型主要用于潮湿基层上的防水抗渗，速凝型主要用于渗漏或涌水基体上的防水堵漏。其性能应符合现行国家标准《无机防水堵漏材料》（GB 23440）的要求。

2.4　密封材料

硅酮建筑密封胶是以聚硅氧烷为主要成分、室温固化的单组分密封胶。产品按固化机理分为A型——脱酸（酸性）和B型——脱醇（中性）两种；按用途分为G类——镶装玻璃用和F类——建筑接缝用两种；按位移能力分为25、20两个级别；按拉伸模量分为高模量（HM）和低模量（LM）两种。其性能应符合现行国家标准《硅酮和改性硅酮建筑密封胶》（GB/T 14683）的要求。

聚氨酯建筑密封胶是以氨基甲酸酯聚合物为主要成分的单组分和多组分建筑密封胶。产品按流动性分为非下垂型（N）和自流平型（L）两个类型；按位移能力分为25、20两个级别；按拉伸模量分为高模量（HM）和低模量（LM）两个级别。其性能应符合现行行业标准《聚氨酯建筑密封胶》（JC/T 482）的要求。

聚硫建筑密封胶是以液态聚硫橡胶为基料的室温硫化双组分建筑密封胶。产品按流动性分为非下垂型（N）和自流平型（L）两个类型；按位移能力分为25、20两个级别；按拉伸模量分为高模量（HM）和低模量（LM）两个级别。其性能应符合现行行业标准《聚硫建筑密封胶》（JC/T 483）的要求。

丙烯酸建筑密封胶按位移能力和弹性恢复率分为12.5E、12.5P和7.5P三个级别。其性能应符合现行行业标准《丙烯酸酯建筑密封胶》（JC/T 484）的要求。

橡胶止水带按用途分为变形缝用（B）、施工缝用（S）、沉管隧道接头缝用（J）三类；按结构形式分为普通、复合两类。其性能应符合现行国家标准《高分子防水材料　第2部分：止水带》（GB 18173.2）的要求。自粘丁基橡胶钢板止水带是高分子材料丁基胶与镀锌钢板复合而成的综合性能优良的止水带。其主要性能及试验方法应符合GB 18173.2附录D的要求。

遇水膨胀橡胶止水条按工艺分为制品型、腻子型。由于制品型质量稳定且易于控制，所以应尽量选用制品型止水条。按其体积膨胀率分为 PZ-150、PZ-250、PZ-400、PZ-600。其性能应符合现行国家标准《高分子防水材料 第 3 部分：遇水膨胀橡胶》（GB 18173.3）的要求。

遇水膨胀止水胶是一种单组分、无溶剂、固化后遇水膨胀的聚氨酯类建筑密封胶。按体积膨胀率分为 PJ-220、PJ-400 两类。它是无定型膏状，可以适合不规则的基面接缝防水，可在垂直面施工，不下垂、耐久性好、化学稳定性优异。其性能应符合现行行业标准《遇水膨胀止水胶》（JG/T 312）的要求。

2.5 其他材料

防水透汽膜也称透汽防水垫层，适用于建筑工程中具有水蒸气透过功能的辅助防水材料，通过对围护结构的包覆，加强建筑的气密性、水密性，同时又使围护结构及室内潮气得以排出，从而达到节能、提高建筑耐久性、保证室内空气质量的目的。产品按性能分为Ⅰ型、Ⅱ型、Ⅲ型，Ⅰ型宜用于墙体，Ⅱ型宜用于金属屋面，Ⅲ型宜用于瓦屋面。其性能应符合现行行业标准《透汽防水垫层》（JC/T 2291）的要求。

涂膜防水层施工时，在防水涂层中加设聚酯或化纤胎体增强材料，可以提高涂膜的抗变形能力，但延长防水层的作用年限。主要性能应符合现行国家标准《屋面工程技术规范》（GB 50345）中表 B.1.9 的要求。

高分子防水卷材胶黏剂为冷黏结，按组分分为单组分和双组分，按用途分为基底胶和搭接胶。其性能应符合现行行业标准《高分子防水卷材胶粘剂》（JC/T 863）的要求。

坡屋面用聚合物改性沥青防水垫层用于坡屋面中各种瓦材及其他屋面材料下面使用，厚度为 1.2mm 和 2.0mm 两种规格。其性能应符合现行行业标准《坡屋面用防水材料 聚合物改性沥青防水垫层》（JC/T 1067）的要求。

坡屋面用自粘聚合物沥青防水垫层的性能应符合现行行业标准《坡屋面用防水材料 自粘聚合物沥青防水垫层》（JC/T 1068）的要求。

沥青基防水卷材用基层处理剂俗称底涂或冷底子油，是与沥青基防水卷材配套使用的基层处理剂，作用是增加防水卷材与基层的黏结。其性能应符合现行行业标准《沥青基防水卷材用基层处理剂》（JC/T 1069）的要求。

自粘聚合物沥青泛水带用于建筑工程节点部位，其性能应符合现行行业标准《自粘聚合物沥青泛水带》（JC/T 1070）的要求。

丁基橡胶防水密封胶粘带用于高分子防水卷材、金属板屋面等建筑防水工程中的接缝密封，有单面或双面卷状胶粘带。其性能应符合现行行业标准《丁基橡胶防水密封胶粘带》（JC/T 942）的要求。

根据多年工程实践经验，推荐使用表 2-1~ 表 2-4 中的防水材料。

表 2-1　地下室防水材料选用推荐表

部位	主要材料	典型做法
地下室底板	高分子自粘胶膜防水卷材、非沥青基强力交叉膜自粘高分子防水卷材	方案一：1.2mm 预铺式高分子自粘胶膜防水卷材（非沥青）（执行标准：GB/T 23457—2017）。 方案二：1.5mm 非沥青基强力交叉膜自粘高分子防水卷材（双面）+1.5mm 非沥青基强力交叉膜自粘高分子防水卷材 [执行标准：GB/T 35467—2017（E 类）]
地下室侧墙	单组分聚氨酯防水涂料、自粘聚合物改性沥青防水卷材（无胎）、非沥青基强力交叉膜自粘高分子防水卷材、JS 聚合物水泥防水涂料	方案一：1.5mmJS 聚合物水泥防水涂料 +1.5mm 非沥青基强力交叉膜自粘高分子防水卷材 [执行标准：GB/T 35467—2017（E 类）]。 方案二：1.5mm 厚单组分聚氨酯防水涂料 +1.5mm 厚自粘聚合物改性沥青防水卷材（无胎）
地下室顶板（种植覆土）	非沥青基强力交叉膜自粘高分子防水卷材、丁基自粘 TPO 高分子耐根穿刺卷材、非固化橡胶沥青防水涂料、高聚物改性沥青耐根穿刺防水卷材	方案一：1.5mm 非沥青基强力交叉膜自粘高分子防水卷材（双面）+1.6mm 丁基自粘 TPO 高分子耐根穿刺防水卷材 [执行标准：GB/T 35467—2017（E 类）、GB 27789—2011、GB/T 35468—2017]。 方案二：2.0mm 非固化橡胶沥青防水涂料 +4.0mm 高聚物改性沥青耐根穿刺防水卷材（执行标准：JC/T 2428—2017、GB 23441—2009、GB/T 35468—2017）
地下室顶板（非种植覆土）	自粘聚合物改性沥青防水卷材、非沥青强力交叉膜自粘高分子防水卷材、丁基自粘 TPO 高分子防水卷材、非固化橡胶沥青防水涂料	方案一：1.5mm 非沥青基强力交叉膜自粘高分子防水卷材（双面）+1.5mm 丁基自粘 TPO 高分子防水卷材 [执行标准：GB/T 35467—2017（E 类）、GB 27789—2011]。 方案二：2.0mm 非固化橡胶沥青防水涂料 +3.0mm 聚酯胎自粘聚合物改性沥青防水卷材 [执行标准：JC/T 2428—2017]

部位	主要材料	典型做法
地下室外墙螺栓孔	聚合物水泥防水砂浆	聚合物水泥防水砂浆封堵（执行标准：JC/T 984—2011）
桩头防水	水泥基渗透结晶型防水涂料、聚合物水泥防水砂浆、密封膏、遇水膨胀止水胶（环）	1.5mm 水泥基渗透结晶型防水涂料（执行标准：GB 18445—2012）+ 聚合物水泥防水砂浆压边（执行标准：JC/T 984—2011）+ 密封膏密封 + 遇水膨胀止水胶（环）封堵桩筋
施工缝	中埋式钢板止水带	中埋式钢板止水带宽度 300mm，厚度不宜小于 3mm
后浇带	中埋式钢板止水带、外贴式橡胶止水带	中埋式钢板止水带宽度 300mm，厚度不宜小于 3mm；外贴式止水带宽度 350mm，变形孔宽度宜为 30~50mm
变形缝	中埋式钢边橡胶止水带/中埋式橡胶止水带、外贴式橡胶止水带	止水带宽度 350mm，变形孔宽度宜为 30~50mm

注：标准信息参见参考文献部分。

表 2-2 外墙及窗边防水材料选用推荐表

部位	主要材料	典型做法
涂料饰面外墙	聚合物水泥防水浆料	2.0mm 聚合物水泥防水浆料（执行标准：JC/T 2090—2011）
面砖饰面外墙	聚合物水泥防水砂浆	5.0mm 聚合物水泥防水砂浆（执行标准：JC/T 984—2011）
外墙飘窗台（顶）	聚合物水泥防水涂料	1.5mm 聚合物水泥防水涂料（执行标准：GB/T 23445—2009）
空调板	聚合物水泥防水涂料	1.5mm 聚合物水泥防水涂料（执行标准：GB/T 23445—2009）
开敞式阳台	单组分聚氨酯防水涂料	1.5mm 单组分聚氨酯防水涂料（执行标准：GB/T 19250—2013）
外窗周边防水处理	聚合物水泥防水砂浆 聚合物水泥防水涂料	外窗缝隙采用聚合物水泥防水砂浆填堵抹平（执行标准：JC/T 984—2011） 外窗缝隙及周边 100mm 范围内涂刷 1.5mm 聚合物水泥防水涂料（执行标准：JC/T 984—2011）
内墙螺栓孔	聚合物水泥防水砂浆	孔洞采用聚合物水泥防水砂浆填堵抹平，表面平整、密实（执行标准：JC/T 984—2011）

注：标准信息参见参考文献部分。

表 2-3　室内防水材料选用推荐表

部位	主要材料	典型做法
卫生间室内平面（无沉箱）	无溶剂环保型单组分聚氨酯防水涂料、聚合物水泥防水涂料	1.5mm 无溶剂环保型单组分聚氨酯防水涂料或 1.5mm 聚合物水泥防水涂料（执行标准：GB/T 19250—2013，GB/T 23445—2009）
卫生间室内平面（有沉箱）	无溶剂环保型单组分聚氨酯防水涂料、聚合物水泥防水涂料	方案一：1.5mm 无溶剂环保型单组分聚氨酯防水涂料 +1.5mm 无溶剂环保型单组分聚氨酯防水涂料（执行标准：GB/T 19250—2013） 方案二：1.5mm 聚合物水泥防水涂料 +1.5mm 无溶剂环保型单组分聚氨酯防水涂料（执行标准：GB/T 23445—2009、GB/T 19250—2013）
室内立面	聚合物水泥防水砂浆	6.0mm 聚合物水泥防水砂浆（执行标准：JC/T 984—2011）
消防水池	聚合物水泥防水涂料、聚脲防水涂料	1.5mm 聚合物水泥防水涂料或 2.0mm 单组分聚脲防水涂料（执行标准：GB/T 23445—2009、GB/T 19250—2013）
饮用水池	单组分聚氨酯防水涂料	1.5mm 单组分聚氨酯防水涂料（执行标准：GB/T 19250—2013，A 类聚氨酯）
暖通管井	聚合物水泥防水涂料	聚合物水泥防水涂料（执行标准：GB/T 23445—2009）。沿墙上翻200mm，涂膜厚度：墙 1.5mm、地 1.5mm
集水坑	聚合物水泥防水涂料	聚合物水泥防水涂料（执行标准：GB/T 23445—2009）。涂膜厚度：墙 1.5mm、地 1.5mm
电梯井	聚合物水泥防水涂料、聚脲防水涂料	聚合物水泥防水涂料（执行标准：GB/T 23445—2009）。涂膜厚度：墙 1.5mm、地 1.5mm 或 2.0mm 单组分聚脲防水涂料

注：标准信息参见参考文献部分。

表 2-4　屋面防水材料选用推荐表

部位	主要材料	典型做法
平屋面（种植覆土）	非沥青基强力交叉膜自粘高分子防水卷材、丁基自粘 TPO 高分子耐根穿刺卷材、非固化橡胶沥青防水涂料、高聚物改性沥青耐根穿刺防水卷材	方案一：1.5mm 非沥青基强力交叉膜自粘高分子防水卷材（双面）+1.6mm 丁基自粘 TPO 高分子耐根穿刺防水卷材 [执行标准：GB/T 35467—2017（E 类）、GB 27789—2011、GB/T 35468—2017] 方案二：2.0mm 非固化橡胶沥青防水涂料 +4.0mm 高聚物改性沥青耐根穿刺防水卷材（执行标准：JC/T 2428—2017、GB 23441—2009、GB/T 35468—2017）

续表

部位	主要材料	典型做法
平屋面 （非种植覆土）	自粘聚合物改性沥青防水卷材、非沥青强力交叉膜自粘高分子防水卷材、丁基自粘 TPO 高分子防水卷材、非固化橡胶沥青防水涂料	方案一：1.5mm 非沥青基强力交叉膜自粘高分子防水卷材（双面）+1.5mm 丁基自粘 TPO 高分子防水卷材 [执行标准：GB/T 35467—2017（E 类）、GB 27789—2011] 方案二：2.0mm 非固化橡胶沥青防水涂料 +3.0mm 聚酯胎自粘聚合物改性沥青防水卷材 [执行标准：JC/T 2428—2017]
坡屋面	抗流挂聚氨酯防水涂料	1.5mm 抗流挂聚氨酯防水涂料（执行标准：GB/T 19250—2013）
坡屋面檐沟	抗流挂聚氨酯防水涂料或聚脲防水涂料	1.5mm 抗流挂聚氨酯防水涂料或 1.5mm 单组分聚脲防水涂料（一布三涂）（执行标准：GB/T 19250—2013）

注：标准信息参见参考文献部分。

3 地下工程防渗漏宝典

3.1 地下工程常见渗漏状况及主要原因（表 3-1）

表 3-1 地下工程常见渗漏状况及主要原因

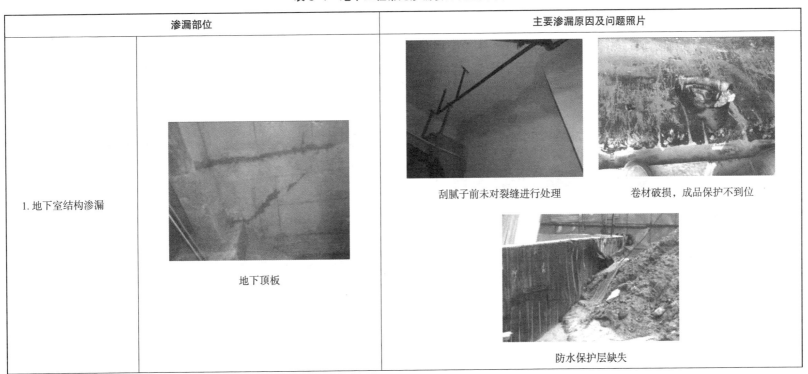

渗漏部位	主要渗漏原因及问题照片
1.地下室结构渗漏	刮腻子前未对裂缝进行处理　　卷材破损，成品保护不到位 地下顶板 防水保护层缺失

续表

渗漏部位	主要渗漏原因及问题照片
1.地下室结构渗漏	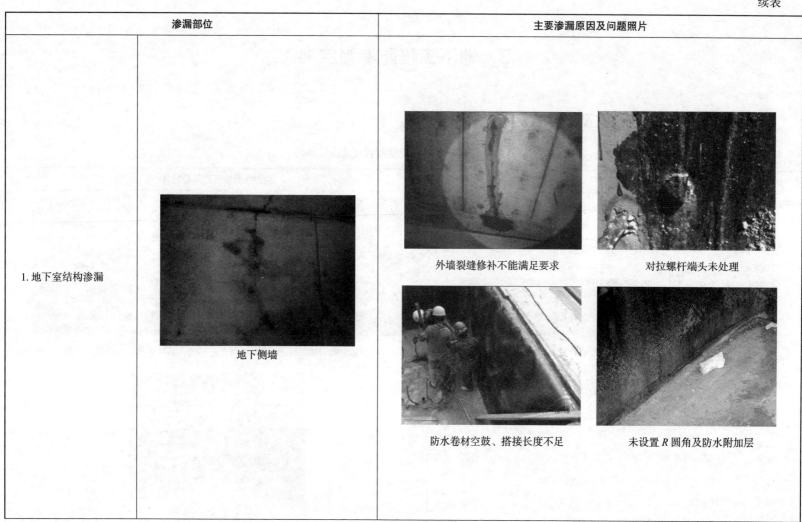

渗漏部位	主要渗漏原因及问题照片
1. 地下室结构渗漏	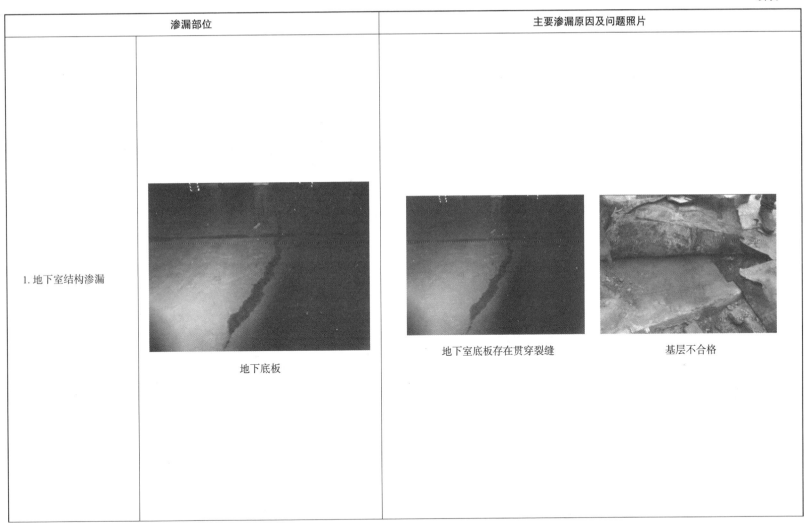

地下底板

地下室底板存在贯穿裂缝

基层不合格

渗漏部位		主要渗漏原因及问题照片
2. 地下室后浇带及施工缝渗漏	外墙施工缝渗水	钢板止水带预埋偏位　　钢板止水带搭接处未焊接 新旧混凝土交接处未清理干净

渗漏部位	主要渗漏原因及问题照片
2. 地下室后浇带及施工缝渗漏	 顶板施工缝渗水	钢板止水带搭接长度不足　　 钢板止水带在结构梁部位断开 钢板止水带锈蚀严重

渗漏部位	主要渗漏原因及问题照片
2.地下室后浇带及施工缝渗漏	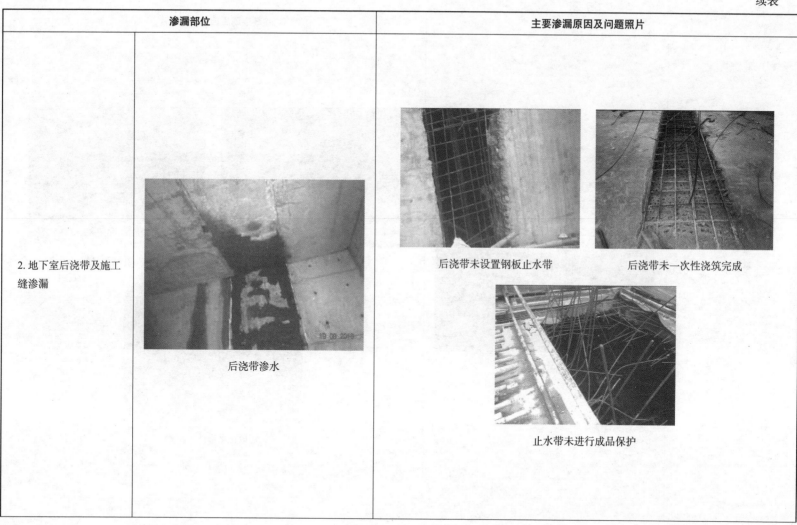

后浇带渗水

后浇带未设置钢板止水带　　　后浇带未一次性浇筑完成

止水带未进行成品保护

续表

渗漏部位	主要渗漏原因及问题照片
3. 地下室管道根部渗漏	 地下室穿墙管道预留套管未设置　　地下室穿墙管道未设套管 地下室穿墙套管与结构面平齐，且卷材未伸入管内　　穿墙套管根部做法有误（未做防水加强层等）

地下室管道根部周边渗水

渗漏部位	主要渗漏原因及问题照片	
4. 地下室外墙螺杆孔渗漏	 地下室外墙螺杆孔渗漏	止水环 地下室外墙模板对拉杆未设止水环	 地下室穿墙对拉螺杆端头处理不到位
5. 地下室通风井渗漏	 地下室通风井顶部渗漏	 地下室通风井上部防雨玻璃宽度不足，下雨时雨水落到墙面顶部造成雨水四溅，顺着百叶窗飘到地下室	

渗漏部位	主要渗漏原因及问题照片
6.地下室侧墙及风井根部渗水	地下室侧墙及风井根部渗水 地下室侧墙及风井根部未设置混凝土导墙，后期存在渗漏隐患
7.地下室汽车坡道两侧渗水	地下室连接地面汽车坡道两侧渗水 汽车坡道侧墙与坡道交接处混凝土不密实造成渗漏

渗漏部位	主要渗漏原因及问题照片
8. 地下室"下沉小院"采光井渗漏	 "下沉小院"采光井渗漏	 开启扇密封条不合格　　部分采光井玻璃顶采用散排，雨水易灌入地下 采光玻璃与石材幕墙交接处渗水　　采光井四周反坎顶部无泄水坡，雨水易飘入地下室

雨水从该处（室内阳台）灌入地下室

雨水通过干挂石材内部渗入

玻璃与石材交接处存在朝天缝，胶老化后，水从该处渗入地下室

坡度不足，雨水飘入地下

3.2 地下工程防渗漏管控宝典

（1）地下防水工程应执行《地下防水工程质量验收规范》（GB 50208—2011）、《地下工程防水技术规范》（GB 50108—2008）、《种植屋面工程技术规程》（JGJ 155—2013）、《建筑地面设计规范》（GB 50037—2013）、《建筑防水系统构造（二）》（19CJ40-2）的规定，并符合设计图纸要求。

（2）地下防水工程施工前，项目技术负责人必须组织技术人员进行图纸会审，掌握工程主体及细部构造的防水技术要求，并编制防水工程的施工方案，经审批同意后实施。

（3）防水混凝土应连续浇筑，宜少留施工缝。当出现必须留设施工缝的情况时，应遵守下列规定：

①墙体水平施工缝不应留在剪力与弯矩最大处或底板与侧墙交接处，应留在高出底板及反梁表面不小于300mm的墙体上。拱（板）墙结合的水平施工缝宜留在拱（板）墙接缝线以下150~300mm处，墙体有预留孔洞时施工缝距孔洞边缘不应小于300mm。

②外墙垂直施工缝应避开地下水和裂隙水较多地段，并宜与变形缝相结合。

③防水混凝土结构内部设置的各种钢筋或绑扎铁丝，不得接触模板，用于固定模板的螺栓必须穿过混凝土结构时可采用工具式螺栓，螺栓上应加焊止水环。拆模后将留下的凹槽用密封材料封堵密实，并应用聚合物水泥砂浆抹平。

④防水混凝土终凝后应立即进行养护，养护时间不得少于14d。

（4）施工缝的施工应符合下列规定：

①水平施工缝浇筑混凝土前，其表面宜凿毛，清除表面浮浆和杂物后，再铺设水泥砂浆结合层，并及时浇筑混凝土。垂直施工缝浇筑混凝土前，应将其表面清理干净。

②采用中埋式钢板止水带时应确保位置准确，并固定牢靠、接口满焊，折边应朝迎水面。

③施工缝处采用预埋灌浆管系统时，导浆管与灌浆管的连接必须牢固、严密。预埋灌浆管的固定间距太大，与基面的间隙越多，则每段灌浆管长度越不能太长，否则压力传递损失会使灌浆效果下降，特别是有弯道的部位，长度以小于4m为宜。安装灌浆管时，导浆管末端应进行封闭，以避免水泥浆进入导管产生堵塞，影响灌浆效果。

④后浇带端模宜使用专用免拆镀锌网模，俗称"快易收口网"。网模采用 0.18~0.5mm 厚热镀锌薄板，经冲压加工后带有 V 形肋骨的立体网眼模板。专用免拆镀锌网模具有强度高、防锈性能好、网孔尺寸具有排汽与阻止漏浆的特点。不得用普通钢丝网代替。后浇带在封闭前均有可能进入垃圾，应尽可能地清理干净。

（5）变形缝中埋式止水带安装固定要准确，以免造成变形孔埋入混凝土中，结构变形时，空腔没有起到调整变形拉伸的作用，直接拉破橡胶板导致渗漏水。变形缝两边混凝土同时施工时，中间留缝模板可采用强度较高的挤塑型聚苯乙烯泡沫板等一次性模板。当变形缝两侧混凝土先后施工时，中埋式止水带的固定比较困难，端模的作用一方面是保证混凝土的密实性，另一方面是固定止水带，保证止水带处于中心位置。为防止混凝土施工造成止水带位置偏移，可在止水带边缘用扁铁夹持，并采用扁铁与结构钢筋电焊固定等方法进行固定。

因为压条上螺丝压紧后，在两个固定螺栓之间的通长压条会反弹起拱，造成可卸式止水带与钢板之间因压力不足而渗漏水，所以可卸式止水带与自粘密封胶带、密封胶带与钢板基面应紧密贴合。橡胶止水带在转角部位无法 90° 弯折，而且不易密贴，故在转角处除要做 45° 折角外，还应增加紧固件的数量，以确保此处的防水施工质量。

大型地下工程中会遇到交叉变形缝和 T 字变形缝，交接处的连接件是外贴式止水带形成整体防水的关键，其关键是中间变形孔要连通，以适应结构变形。

（6）地下室主体结构底板施工阶段，应保持有效的基坑降排水工作，控制地下水位的上升，规避对防水施工质量的影响，混凝土不得在有积水的环境中浇筑。

（7）地下室顶板混凝土未达到 100% 强度，严禁车辆通行，严禁超设计负荷堆放钢材、周转材料、建筑材料。

（8）防水保护层施工应及时跟进，严格控制施工质量，顶板防水混凝土保护层应设置配筋；地下室外墙防水保护层应采用轻骨料砌块砌筑或聚苯板。

（9）顶板回填土施工过程应严格控制回填土的质量及压实系数，严禁回填建筑渣土、污染土。

3.3 地下工程底板节点构造做法宝典

3.3.1 地下工程底板防水构造做法（预铺反粘法——推荐做法）（表3-2）

表3-2 地下工程底板防水构造做法（预铺反粘法）

设计图示	施工图示

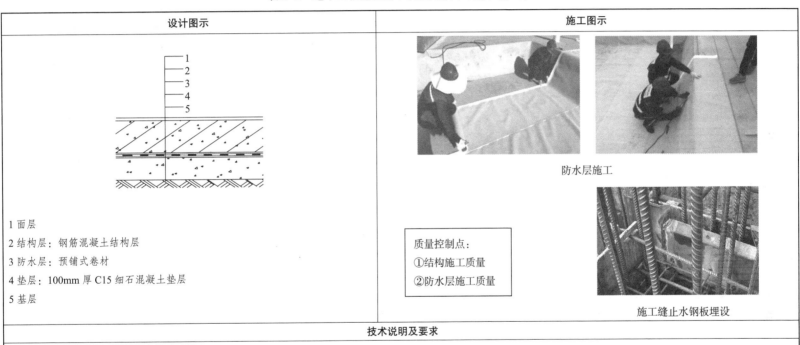

1 面层

2 结构层：钢筋混凝土结构层

3 防水层：预铺式卷材

4 垫层：100mm 厚 C15 细石混凝土垫层

5 基层

防水层施工

质量控制点：
①结构施工质量
②防水层施工质量

施工缝止水钢板埋设

技术说明及要求

1. 基面不得有明水，阴阳角应做成圆弧。

2. 底板防水卷材上翻至砖胎模上，甩槎部位的卷材应做好硬质成品保护（平砌一层砌块压实）。

3. 钢板止水带应沿施工缝连续交圈设置，并采用搭接连接，搭接长度不小于50mm，双面满焊。

4. 施工缝浇筑混凝土前，其表面宜凿毛，清除表面浮浆和杂物，浇筑混凝土前应先铺设水泥砂浆结合层。

5. 表观要求：卷材铺设平直、不翘边，搭接密实，不露片材白边，不允许有尖锐物

3.3.2 地下工程底板防水构造做法（非预铺反粘法）（表3-3）

表3-3　地下工程底板防水构造做法（非预铺反粘法）

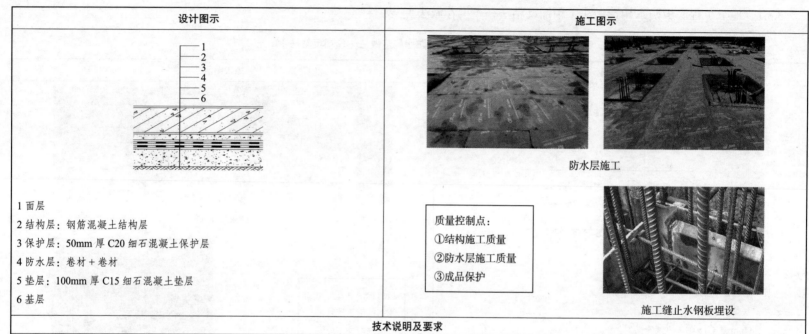

设计图示	施工图示
1 面层 2 结构层：钢筋混凝土结构层 3 保护层：50mm 厚 C20 细石混凝土保护层 4 防水层：卷材＋卷材 5 垫层：100mm 厚 C15 细石混凝土垫层 6 基层	防水层施工 质量控制点： ①结构施工质量 ②防水施工质量 ③成品保护 施工缝止水钢板埋设

技术说明及要求

1. 大面卷材长边搭接牢固，短边搭接错缝 50cm 以上，阴阳角应做成圆弧，基坑卷材下翻应按照交底要求下翻，顺序为上压下，不得出现朝天缝。

2. 底板防水卷材上翻至砖胎模上，甩槎部位的卷材应做好硬质成品保护（平砌一层砌块压实）。

3. 钢板止水带应沿施工缝连续交圈设置，并采用搭接连接，搭接长度不小于 50mm，双面满焊。

4. 施工缝浇筑混凝土前，其表面宜凿毛，清除表面浮浆和杂物后，铺设水泥砂浆结合层，并及时浇筑混凝土。

5. 表观要求：卷材铺设平直、表面 Logo 统一朝向，不开口翘边，搭接牢固，不露搭接控制白线，不允许出现空鼓、鼓包、褶皱现象。

6. 防水难点及注意点：①混凝土垫层必须浇筑并整平；②地下水水位较高项目，基坑应连续降水，否则承台渗水、积水无法清除，影响防水施工；③根据现场条件，提出合适的变更方案，如基层潮湿，可选择湿铺防水卷材或高分子自粘胶膜防水卷材（预铺反粘法施工）；④大底板混凝土用后浇带分隔成若干块，每块混凝土一次分层连续浇筑，振捣均匀、密实，不留施工缝

3.3.3 地下工程底板与侧墙甩槎、接槎防水节点做法（预铺反粘法）（表3–4）

表3–4 地下工程底板与侧墙甩槎、接槎防水节点做法（预铺反粘法）

设计图示

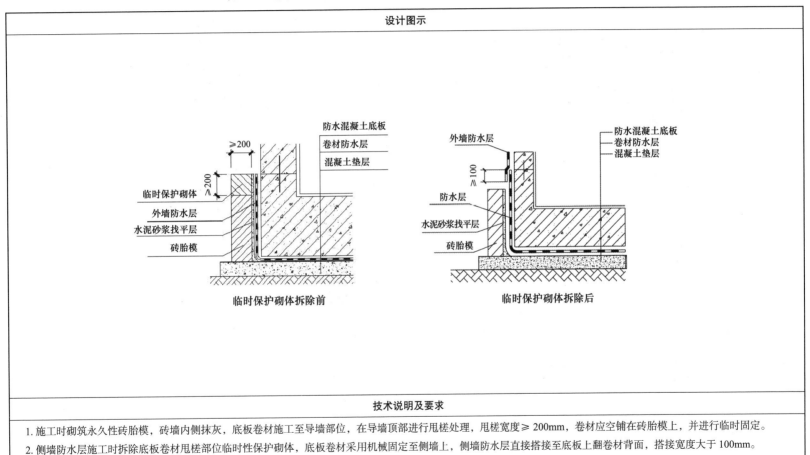

临时保护砌体拆除前　　　　　　　　临时保护砌体拆除后

技术说明及要求

1. 施工时砌筑永久性砖胎模，砖墙内侧抹灰，底板卷材施工至导墙部位，在导墙顶部进行甩槎处理，甩槎宽度≥200mm，卷材应空铺在砖胎模上，并进行临时固定。

2. 侧墙防水层施工时拆除底板卷材甩槎部位临时性保护砌体，底板卷材采用机械固定至侧墙上，侧墙防水层直接搭接至底板上翻卷材背面，搭接宽度大于100mm。

3. 当侧墙使用两道防水层时，应错槎接缝，上层防水层应盖过下层防水层

施工图示

底板卷材上翻至砖胎模上　　　　　　　　砖压顶　　　　　　　　水泥砂浆抹面

 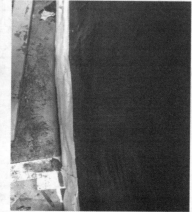

底板卷材用机械固定或非固化固定于侧墙上　　　侧墙防水层搭接至底板卷材背面

质量控制点：
①甩槎部位卷材固定及保护
②底板卷材与侧墙结构黏结
③底板与侧墙防水层搭接

3.3.4 地下工程底板与侧墙甩槎、接槎防水节点做法（非预铺反粘法）（表3-5）

表3-5 地下工程底板与侧墙甩槎、接槎防水节点做法（非预铺反粘法）

设计图示

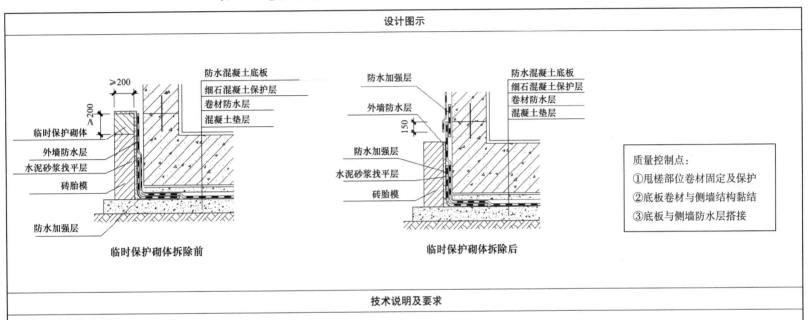

质量控制点：
①甩槎部位卷材固定及保护
②底板卷材与侧墙结构黏结
③底板与侧墙防水层搭接

技术说明及要求

1. 阴阳角应做圆弧角。

2. 施工时砌筑永久性砖胎模，砖墙内侧抹灰，底板卷材施工至导墙部位，在导墙顶部进行甩槎处理，甩槎宽度≥200mm，卷材应空铺在砖胎模上，并进行临时固定。

3. 侧墙防水层施工时拆除底板卷材甩槎部位临时性保护砌体，将底板卷材粘贴在侧墙结构上，侧墙防水层直接搭接至底板卷材背面，搭接宽度为150mm。

4. 当侧墙使用两道防水层时，应错槎接缝，上层防水层应盖过下层防水层

3.3.5 地下工程底板后浇带防水节点做法（预铺反粘法）（表 3-6）

表 3-6　地下工程底板后浇带防水节点做法（预铺反粘法）

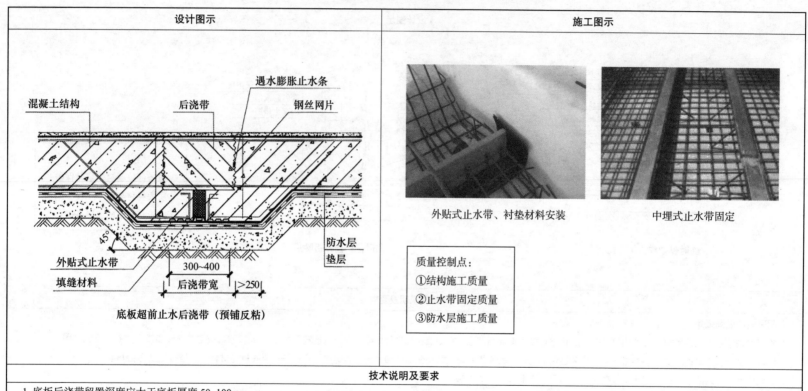

设计图示	施工图示

底板超前止水后浇带（预铺反粘）

外贴式止水带、衬垫材料安装　　中埋式止水带固定

质量控制点：
①结构施工质量
②止水带固定质量
③防水层施工质量

技术说明及要求

1. 底板后浇带留置深度应大于底板厚度 50~100mm。

2. 中埋式止水带及外贴式止水带位置应准确，安装应牢固。中埋式钢板止水带厚度 3mm、宽度 300mm。外贴式止水带采用双面搭接胶带将两端固定在防水层的表面。

3. 后浇带混凝土浇筑前，应对该部位进行覆盖和保护，外露钢筋宜采取防锈措施。

4. 后浇带位置应采用补偿收缩混凝土浇筑，其抗渗性能和抗压强度等级不应低于两侧混凝土。后浇带混凝土宜一次浇筑完成，混凝土浇筑后应及时养护，养护时间不得少于 28d

3.3.6 地下工程底板后浇带防水节点做法（非预铺反粘法）（表 3-7）

表 3-7 地下工程底板后浇带防水节点做法（非预铺反粘法）

设计图示	施工图示

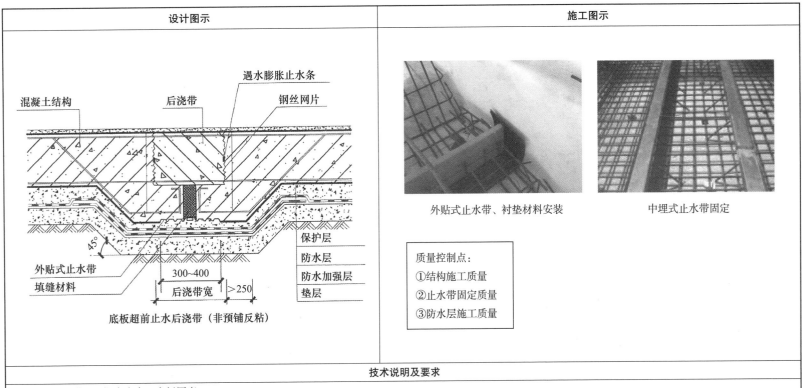

设计图示标注：遇水膨胀止水条、混凝土结构、后浇带、钢丝网片、保护层、防水层、防水加强层、垫层、45°、外贴式止水带、填缝材料、300~400、后浇带宽、>250

底板超前止水后浇带（非预铺反粘）

施工图示：外贴式止水带、衬垫材料安装　中埋式止水带固定

质量控制点：
①结构施工质量
②止水带固定质量
③防水层施工质量

技术说明及要求

1. 底板后浇带留置深度应大于底板厚度 50~100mm。

2. 中埋式止水带及外贴式止水带位置应准确，安装应牢固。中埋式钢板止水带厚度 3mm、宽度 300mm。外贴式止水带采用双面搭接胶带将两端固定在防水层的表面。

3. 防水层应在后浇带处增加加强层。

4. 后浇带混凝土浇筑前，应对该部位进行覆盖和保护，外露钢筋宜采取防锈措施。

5. 后浇带位置应采用补偿收缩混凝土浇筑，其抗渗性能和抗压强度等级不应低于两侧混凝土。后浇带混凝土宜一次浇筑，混凝土浇筑后应及时养护，养护时间不得少于 28d

3.3.7　地下工程底板变形缝防水节点做法（预铺反粘法）（变形缝或后浇带预埋注浆管）（表3-8）

表3-8　地下工程底板变形缝防水节点做法（预铺反粘法）

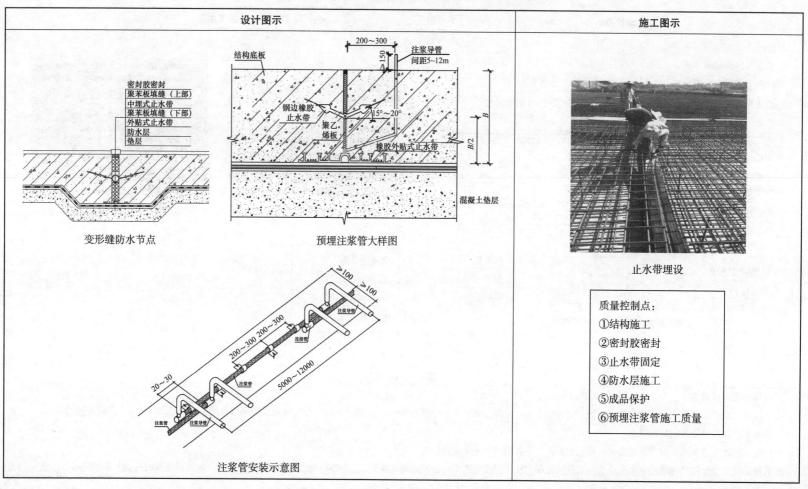

变形缝防水节点

预埋注浆管大样图

注浆管安装示意图

止水带埋设

质量控制点：
①结构施工
②密封胶密封
③止水带固定
④防水层施工
⑤成品保护
⑥预埋注浆管施工质量

技术说明及要求
1. 变形缝处混凝土板厚应≥300mm，如厚度不能满足要求，需进行局部加厚处理。变形缝内两侧基面应平整、干净、干燥。
2. 变形缝背水面应采用聚氨酯或聚硫密封胶密封。
3. 外贴式止水带采用双面搭接胶带将两端固定在防水层的表面，防止滑动。
4. 变形缝内安装聚苯板，并埋设中埋式钢边橡胶止水带或中埋式橡胶止水带，止水带宽度不小于350mm，其中橡胶止水带变形孔的宽度宜为30~50mm，高度应根据结构变形量计算确定。止水带设置的位置应准确，其中间空心圆环应与变形缝的中心线重合，并宜采用铅丝等材料将其与钢筋骨架绑牢。
5. 注浆管采用专用扣件固定在施工缝中线上，注浆管的固定间距为20~30cm，沿施工缝通长设置。安装注浆管的范围（约30mm宽）清理干净，安装时确保注浆管与施工缝表面密贴。注浆管采用搭接法进行布管，有效搭接长度不小于2cm（出浆段的有效搭接长度）。变形缝处直接安装在外贴止水带的上表面。
6. 注浆管每隔5~12m间距引出一根注浆导管。注浆导管与注浆管的连接应牢固、严密。导管的末端应临时封堵严密。利用注浆导管进行注浆，使浆液从注浆管孔隙内均匀渗出，填充施工缝或变形缝表面的裂缝，达到止水的目的。
7. 注浆导管根据混凝土保护层厚度，将进浆导管和出浆导管每隔5~12m均引入注浆盒子，并标记后埋入混凝土中，保证模板拆除后可找出注浆盒子。预埋注浆管的注浆盒子安装在施工缝背水面，方便后期找出注浆。注浆导管引出端应设置在方便、易于接近的位置。注浆导管任意部分均不得出现挤扁或直弯现象，以免影响浆液的流动。
8. 底板混凝土找平层施工前，若底板后浇带或变形缝结构表面渗漏水，应先通过注浆盒子中的进浆导管进行注浆止水。然后再施工混凝土找平层，注浆盒子处支内模（高度超过找平层标高）隔离，不浇筑混凝土。地坪漆施工前，若找平层上出现渗漏点，再次通过注浆盒子中的进浆导管进行注浆止水，不渗漏后再施工地坪漆

3.3.8 地下工程底板变形缝防水节点做法（非预铺反粘法）（变形缝或后浇带预埋注浆管）（表 3-9）

表 3-9 地下工程底板变形缝防水节点做法（非预铺反粘法）

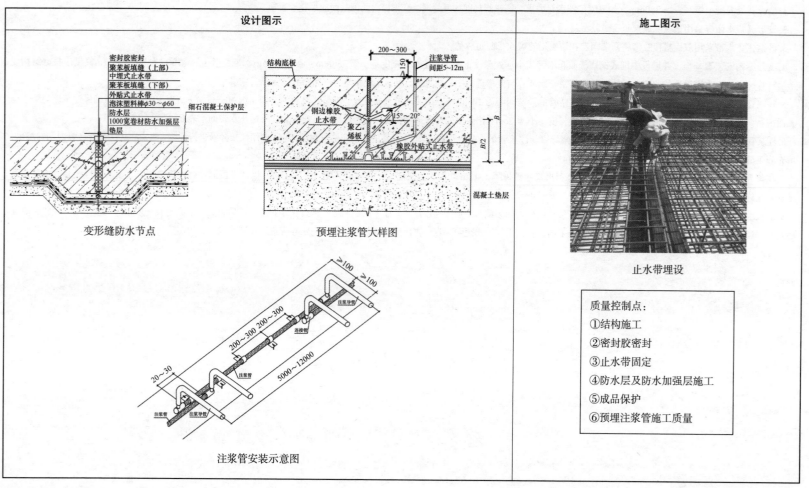

设计图示	施工图示

变形缝防水节点

预埋注浆管大样图

注浆管安装示意图

止水带埋设

质量控制点：
①结构施工
②密封胶密封
③止水带固定
④防水层及防水加强层施工
⑤成品保护
⑥预埋注浆管施工质量

技术说明及要求

1. 变形缝处混凝土板厚应≥300mm，如厚度不能满足要求，需进行局部加厚处理。变形缝内两侧基面应平整、干净、干燥。

2. 变形缝背水面应采用聚氨酯或聚硫密封胶密封。

3. 外贴式止水带采用双面搭接胶带将两端固定在防水层的表面，防止滑动。

4. 变形缝内安装聚苯板，并埋设中埋式钢边橡胶止水带或中埋式橡胶止水带，止水带宽度不小于350mm，其中橡胶止水带变形孔的宽度宜为30~50mm，高度应根据结构变形量计算确定。止水带设置的位置应准确，其中间空心圆环应与变形缝的中心线重合，并宜采用铅丝等材料将其与钢筋骨架绑牢。

5. 注浆管采用专用扣件固定在施工缝中线上，注浆管的固定间距为20~30cm，沿施工缝通长设置。安装注浆管的范围（约30mm宽）清理干净，安装时保证注浆管与施工缝表面密贴。注浆管采用搭接法进行布管，有效搭接长度不小于2cm（出浆段的有效搭接长度）。变形缝处直接安装在外贴止水带的上表面。

6. 注浆管每隔5~12m间距引出一根注浆导管，注浆导管与注浆管的连接应牢固、严密。导管的末端应临时封堵严密。利用注浆导管进行注浆，使浆液从注浆管孔隙内均匀渗出，填充施工缝或变形缝表面的裂缝，达到止水的目的。

7. 注浆导管根据混凝土保护层厚度，将进浆导管和出浆导管每隔5~12m均引入注浆盒子，并标记后埋入混凝土中，保证模板拆除后可找出注浆盒子。预埋注浆管的注浆盒子安装在施工缝背水面，方便后期找出注浆。注浆导管引出端应设置在方便、易于接近的位置。注浆导管任意部均不得出现挤扁或直弯现象，以免影响浆液的流动。

8. 底板混凝土找平层施工前，若底板后浇带或变形缝结构表面渗漏水，应先通过注浆盒子中的进浆导管进行注浆止水。然后再施工混凝土找平层，注浆盒子处支内模（高度超过找平层标高）隔离，不浇筑混凝土。地坪漆施工前，若找平层上出现渗漏点，再次通过注浆盒子中的进浆导管进行注浆止水，不渗漏后再施工地坪漆

3.3.9 地下工程底板桩头防水节点做法（表3-10）

表3-10 地下工程底板桩头防水节点做法

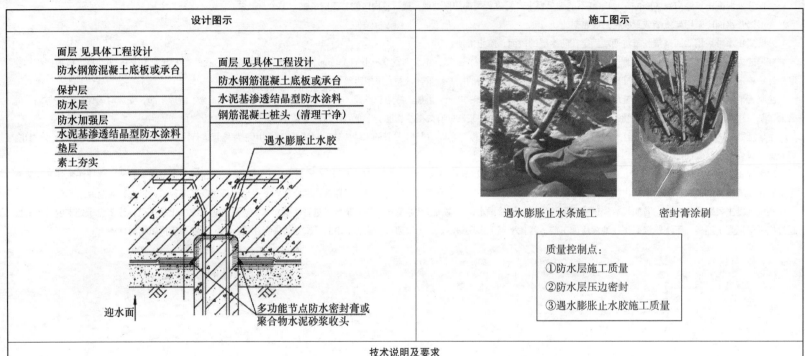

设计图示	施工图示
面层 见具体工程设计 防水钢筋混凝土底板或承台 保护层 防水层 防水加强层 水泥基渗透结晶型防水涂料 垫层 素土夯实 面层 见具体工程设计 防水钢筋混凝土底板或承台 水泥基渗透结晶型防水涂料 钢筋混凝土桩头（清理干净） 遇水膨胀止水胶 迎水面 多功能节点防水密封膏或聚合物水泥砂浆收头	遇水膨胀止水条施工　密封膏涂刷 质量控制点： ①防水层施工质量 ②防水层压边密封 ③遇水膨胀止水胶施工质量

技术说明及要求

1. 桩头人工剔凿及清理应规范，应保证桩顶截面的完整性、平整性且无杂物，桩内钢筋调直捋顺，钢筋表面无残留混凝土。

2. 桩头切除必须严格控制桩头标高，桩头不宜用混凝土或聚合物水泥防水砂浆加长修整或修补，否则将影响桩-承台整体性。

3. 水泥基渗透结晶防水涂料涂刷部位包括桩顶、桩侧及桩体周边250mm范围，分多遍进行涂刷。

4. 底板铺贴的大面防水卷材收于距离桩头10mm处，防水卷材在桩根200~300mm范围内须满粘（预铺卷材进行机械固定），端头处的卷材采用聚合物水泥防水砂浆压边，并在桩周边涂刷节点密封膏密封或水泥砂浆收头。

5. 桩头的受力钢筋根部应采用遇水膨胀止水胶（环）封堵

3.4 地下工程侧墙节点构造做法宝典

3.4.1 地下工程侧墙防水构造做法（表 3-11）

表 3-11 地下工程侧墙防水构造做法

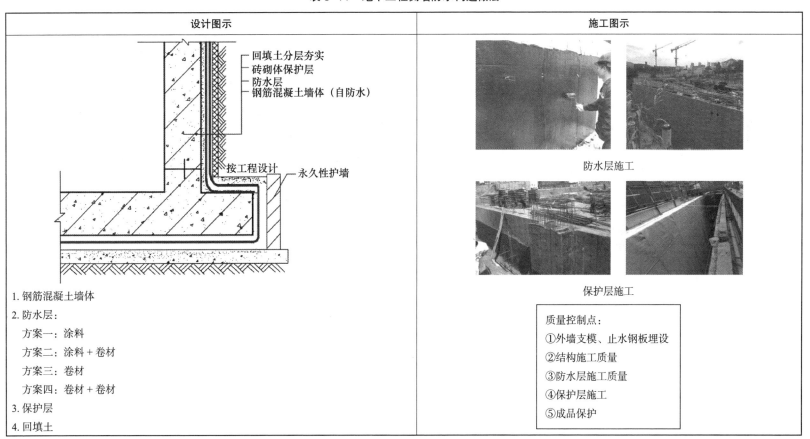

设计图示	施工图示
回填土分层夯实 砖砌体保护层 防水层 钢筋混凝土墙体（自防水） 按工程设计　永久性护墙 1. 钢筋混凝土墙体 2. 防水层： 　　方案一：涂料 　　方案二：涂料＋卷材 　　方案三：卷材 　　方案四：卷材＋卷材 3. 保护层 4. 回填土	防水层施工 保护层施工 质量控制点： ①外墙支模、止水钢板埋设 ②结构施工质量 ③防水层施工质量 ④保护层施工 ⑤成品保护

3.4.2　地下工程侧墙施工缝防水节点做法（表3-12）

表3-12　地下工程侧墙施工缝防水节点做法

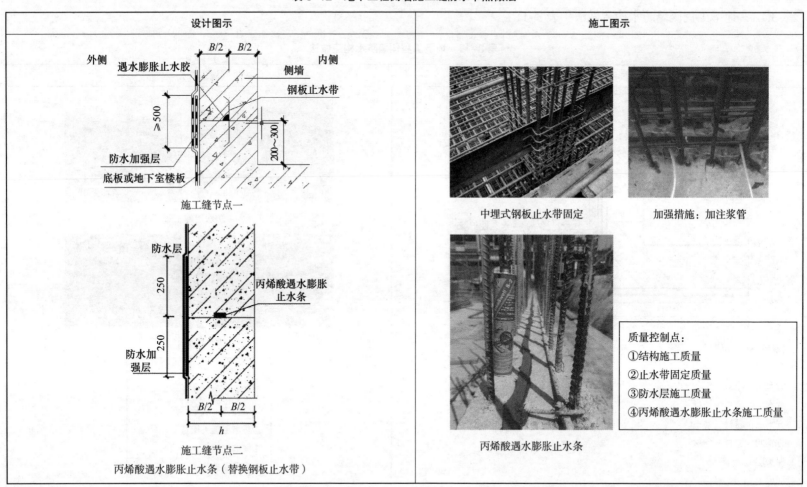

设计图示	施工图示

施工缝节点一

施工缝节点二
丙烯酸遇水膨胀止水条（替换钢板止水带）

中埋式钢板止水带固定　　加强措施：加注浆管

丙烯酸遇水膨胀止水条

质量控制点：
①结构施工质量
②止水带固定质量
③防水层施工质量
④丙烯酸遇水膨胀止水条施工质量

3.4.3　地下工程侧墙后浇带背包防水节点做法（表 3-13）

表 3-13　地下工程侧墙后浇带背包防水节点做法

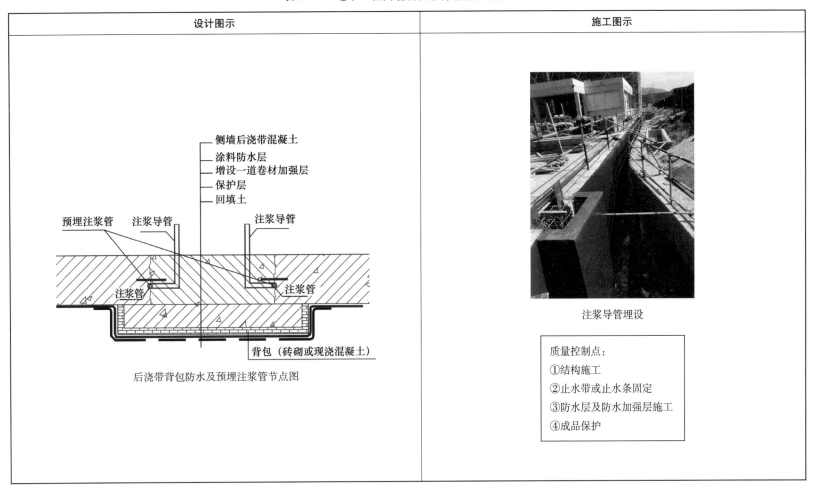

设计图示	施工图示
侧墙后浇带混凝土 涂料防水层 增设一道卷材加强层 保护层 回填土 预埋注浆管　注浆导管　　注浆导管 注浆管　　　　　　　　　注浆管 背包（砖砌或现浇混凝土） 后浇带背包防水及预埋注浆管节点图	注浆导管埋设 质量控制点： ①结构施工 ②止水带或止水条固定 ③防水层及防水加强层施工 ④成品保护

技术说明及要求
1. 墙根部阴角应做成圆弧。
2. 防水保护层采用 120mm 砖墙或塑料防护板。
3. 回填土施工过程应分层回填，每层回填厚度控制在 250~300mm。
4. 水平施工缝两边 250mm 范围内增设防水加强层一道，若侧墙为涂料防水，施工缝处可增加聚酯无纺布一道。
5. 水平施工缝浇筑混凝土前，其表面宜凿毛，清除表面浮浆和杂物后，再铺设水泥砂浆结合层，并及时浇筑混凝土。
6. 可在后期注浆封堵，减少对混凝土的凿打破坏。
7. 5mm×20mm 丙烯酸遇水膨胀止水条用遇水膨胀 S2 止水胶黏结，止水条尺寸可根据现场实际情况选择；
8. 钢板止水带厚度 3mm、宽度 300mm；钢板止水带采用搭接连接，搭接长度不小于 50mm 双面满焊。
9. 背包防水层外侧再增设防水卷材加强层一道，若侧墙为涂料防水，背包处可同时增加聚酯无纺布一道。
10. 后浇带浇筑混凝土前，其表面宜凿毛，清除表面浮浆和杂物后及时浇筑混凝土。
11. 后浇带墙体及底板、顶板沿着施工缝通长预理，可重复多次注浆管。
12. 注浆管采用专用扣件固定在施工缝中部的硬化混凝土表层上，注浆管的固定间距为 20~30cm，沿施工缝通长设置。安装注浆管的范围（约 30mm 宽）清理干净，可不进行凿毛处理，安装时确保注浆管与施工缝表面密贴。注浆管采用搭接法进行布管，有效搭接长度不小于 2cm（出浆段的有效搭接长度）。
13. 注浆管每隔 5~12m 间距引出一根注浆导管，利用注浆导管进行注浆，使浆液从注浆孔隙内均匀渗出，填充施工缝表面的裂缝，达到止水的目的。
14. 注浆导管根据混凝土保护层厚度，将进浆导管和出浆导管每隔 5~12m 均引入注浆盒子，并标记后埋入混凝土中，保证模板拆除后可找出注浆盒子。
15. 预埋注浆管的注浆盒子安装在施工缝背水面，方便后期找出注浆盒。
16. 侧墙防水难点：①侧墙防水层施工后未及时做保护层，防水层长期暴露会老化；②侧墙螺杆洞修补未与墙体齐平，影响后续防水施工；③侧墙混凝土结构出现贯穿性裂缝，施工前未进行结构灌浆堵漏；④侧墙水平施工缝未用砂浆修补；⑤固定模板用的对拉螺栓未采用止水螺栓；⑥防水层施工后应做保护层，严禁直接回填土，破坏防水层；⑦穿墙管根部应设置涂料加强层（增加无纺布胎体）。
17. 侧墙完成面表观要求：涂料成膜均匀，卷材铺设竖直、满粘、表面 Logo 顺向，不开口翘边、空鼓、搭接边牢固，上下收头封边密实

3.4.4 地下工程侧墙凸出穿墙管防水节点做法（表3-14）

表3-14 地下工程侧墙凸出穿墙管防水节点做法

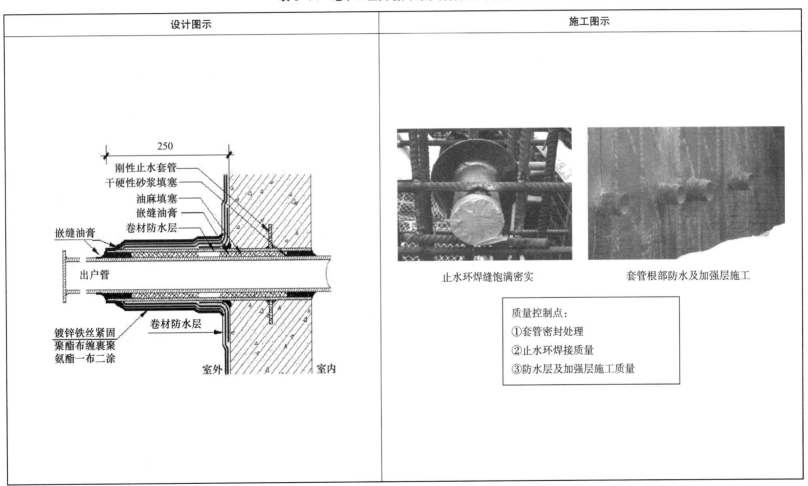

设计图示	施工图示
	止水环焊缝饱满密实　　套管根部防水及加强层施工
	质量控制点： ①套管密封处理 ②止水环焊接质量 ③防水层及加强层施工质量

3.4.5 地下工程侧墙平齐穿墙管防水节点做法（表 3-15）

表 3-15 地下工程侧墙平齐穿墙管防水节点做法

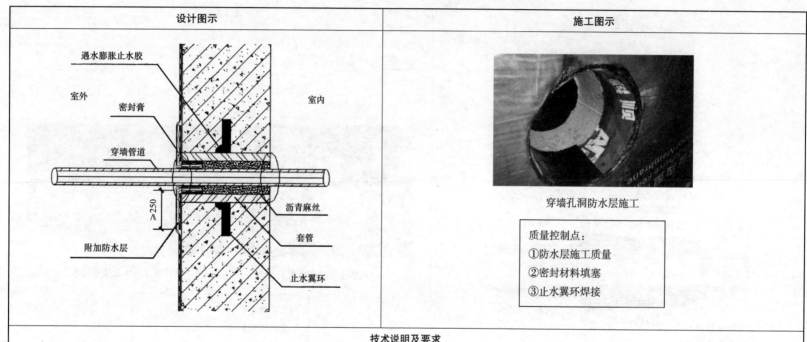

设计图示	施工图示

穿墙孔洞防水层施工

质量控制点：
①防水层施工质量
②密封材料填塞
③止水翼环焊接

技术说明及要求

1. 靠室内套管一端可与外墙平齐，浇筑混凝土时该端口预留套管要用胶布等密封好，避免堵塞孔洞。

2. 选择有止水翼环的钢套管进行预埋，翼环应位于墙体中间位置，翼环应双面满焊密实。止水环厚度应 ≥ 5mm。

3. 凸出的管道外侧防水层应进行加强。

4. 套管内的管道安装完毕后，应在两管间嵌入内衬填料，端部用密封材料封口。

5. 浇筑混凝土时应加强套管部位的振捣，确保混凝土密实，但不能触及套管。

6. 与侧墙外边线齐平的穿墙管周边施工防水时，应先进行加强层施工（涂料＋无纺布），防水涂料伸入套管内 50mm，加强层向外墙周边延伸不小于 250mm。相邻穿墙管的间距应大于 300mm

3.4.6 地下工程侧墙群管防水节点做法（表3-16）

表 3-16 地下工程侧墙群管防水节点做法

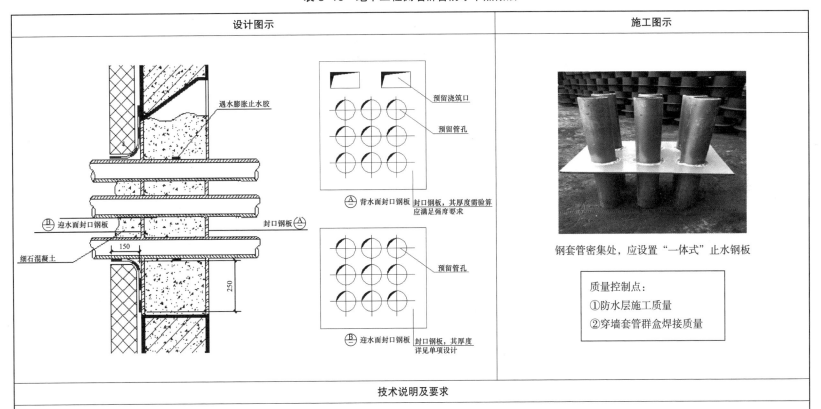

设计图示	施工图示

预留浇筑口
预留管孔

A 背水面封口钢板　封口钢板，其厚度需验算应满足强度要求

预留管孔

B 迎水面封口钢板　封口钢板，其厚度详见单项设计

遇水膨胀止水胶
A 迎水面封口钢板
封口钢板
细石混凝土
150
250

钢套管密集处，应设置"一体式"止水钢板

质量控制点：
①防水层施工质量
②穿墙套管群盒焊接质量

技术说明及要求

1. 止水环与套管应连续满焊，并做好防腐处理。

2. 穿墙管处防水层施工前，清理干净后圈口部分应涂刷与地下侧墙同材质防水材料。

3. 套管内的管道安装完毕后，应在两管间嵌入内衬填料，端部用密封材料填缝。

4. 穿墙管外侧防水层应连续，沿穿墙管周边施工防水加强层（涂料＋无纺布），防水加强层向外墙周边延伸不小于250mm

3.5 地下工程顶板节点构造做法宝典

3.5.1 地下工程顶板、屋面（种植）防水构造做法（表 3-17）

表 3-17 地下工程顶板、屋面（种植）防水构造做法

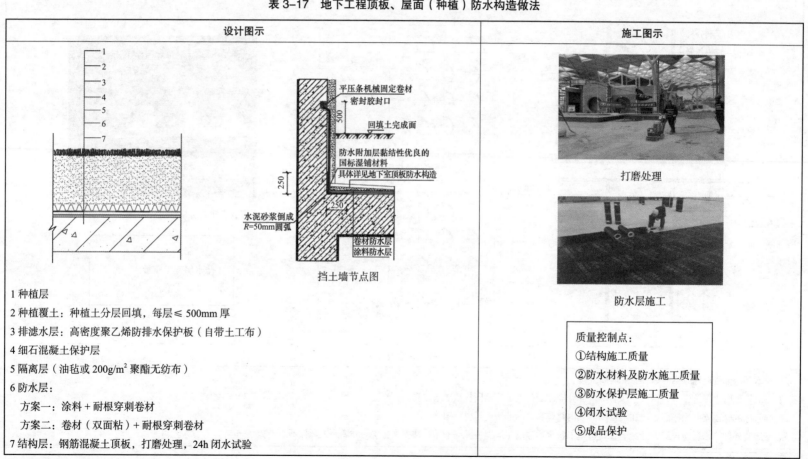

设计图示	施工图示

挡土墙节点图

平压条机械固定卷材
密封胶封口
回填土完成面
防水附加层黏结性优良的国标湿铺材料
具体详见地下室顶板防水构造
水泥砂浆倒成 R=50mm圆弧
卷材防水层
涂料防水层

打磨处理

防水层施工

1 种植层

2 种植覆土：种植土分层回填，每层 ≤ 500mm 厚

3 排滤水层：高密度聚乙烯防排水保护板（自带土工布）

4 细石混凝土保护层

5 隔离层（油毡或 200g/m² 聚酯无纺布）

6 防水层：

　　方案一：涂料＋耐根穿刺卷材

　　方案二：卷材（双面粘）＋耐根穿刺卷材

7 结构层：钢筋混凝土顶板，打磨处理，24h 闭水试验

质量控制点：

①结构施工质量

②防水材料及防水施工质量

③防水保护层施工质量

④闭水试验

⑤成品保护

续表

技术说明及要求
1. 阴阳角应做成圆弧，先做立面水性抗滑移防水涂料，一布三涂，再做平面防水，卷材上墙250mm，然后再做立面卷材，下翻平面250mm。
2. 非固化涂料由于永不固化的特点，在立面与卷材复合使用易出现滑移现象；聚氨酯涂料与沥青类卷材不相容，极易出现剥离、脱落现象，故挡土墙立面非固化和聚氨酯涂料统一优化为水性沥青基防水涂料，水性沥青基防水涂料是一款绿色环保、施工极其便利的单组分产品。该产品以水性沥青为基料，采用高分子橡胶胶乳和助剂进行改性而制成，在施工完成后水分挥发成膜，高黏性、抗滑防水效果显著。
3. 防排水保护板凸台及土工布朝上，覆土初填时，应采用人工回填（覆土 ≤ 600mm 时，禁止车辆碾压）。
4. 挡土墙立面卷材收头处，建议做成凹槽或鹰嘴，卷材收头进凹槽或鹰嘴处，然后用防水砂浆封堵、密封。
5. 挡土墙卷材 Logo 顺向，美观。顶板大平面卷材横平竖直，不允许空鼓，Logo 同朝向。
6. 顶板防水层与混凝土保护层之间必须按图纸施工隔离层。
7. 挡土墙卷材收口若无凹槽或鹰嘴，则要用镀锌平压条固定卷材，单根长 3~4m，便于运输，同时要有一定的强度和硬度，宽 2~3cm。
8. 顶板穿墙管，防水不允许漏做，先做管根加强层（涂料＋无纺布），后做大面卷材。
9. 卷材翻边严禁出现空鼓、脱落、朝天缝及上口不整齐现象。
10. 墙面先做防水涂料，一布三涂，然后再做平面防水，上翻墙面250mm，再做墙面卷材，下翻平面250mm。
11. 完成面表观要求：卷材铺设横平竖直，表面Logo统一朝向，不开口翘边、空鼓，搭接边牢固，收头封边密实，挡土墙阴角卷材严禁空鼓。
12. 防水要点：①防水层施工后未及时做隔离层（如油毡）和保护层；②距挡土墙3m左右范围内顶板防水先做，再搭设外架；③混凝土浇筑完成，原则上要养护7d以上时间才能做防水，因养护不到位的裂缝，需用涂料进行加强；④后浇带浇筑混凝土前，两侧要清理干净并凿毛，两侧施工缝各做10cm宽聚氨酯＋无纺布加强；⑤立面涂料和卷材应弹线、高度统一，封口牢固，严禁开口，打压条固定；⑥若下雨后顶板潮湿或有明水，造成防水无法施工，上级要求必须抢工期，应更改成湿铺卷材方案

3.5.2 地下工程顶板、屋面（非种植）防水构造做法（表3-18）

表3-18 地下工程顶板、屋面（非种植）防水构造做法

设计图示	施工图示

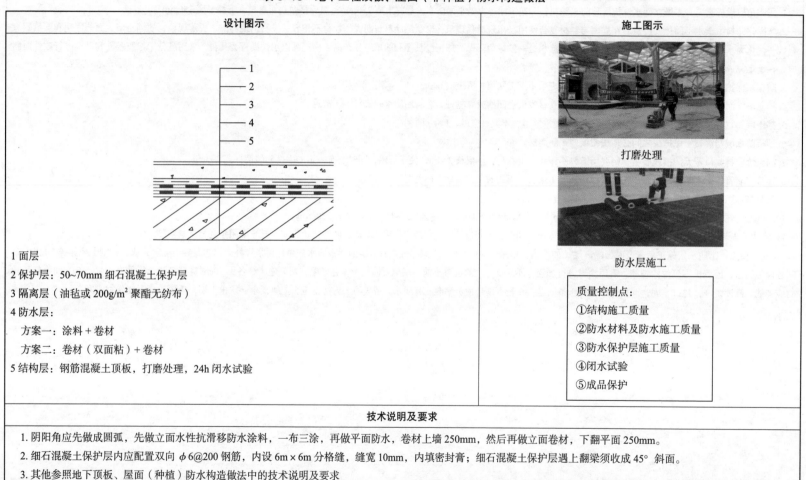

设计图示：

1 面层

2 保护层：50~70mm 细石混凝土保护层

3 隔离层（油毡或 200g/m² 聚酯无纺布）

4 防水层：

　方案一：涂料＋卷材

　方案二：卷材（双面粘）＋卷材

5 结构层：钢筋混凝土顶板，打磨处理，24h 闭水试验

施工图示：

打磨处理

防水层施工

质量控制点：

①结构施工质量

②防水材料及防水施工质量

③防水保护层施工质量

④闭水试验

⑤成品保护

技术说明及要求

1. 阴阳角应先做成圆弧，先做立面水性抗滑移防水涂料，一布三涂，再做平面防水，卷材上墙250mm，然后再做立面卷材，下翻平面250mm。

2. 细石混凝土保护层内应配置双向 φ6@200 钢筋，内设 6m×6m 分格缝，缝宽10mm，内填密封膏；细石混凝土保护层遇上翻梁须收成45° 斜面。

3. 其他参照地下顶板、屋面（种植）防水构造做法中的技术说明及要求

3.5.3 地下工程顶板变形缝防水节点做法（表3-19）

表3-19 地下工程顶板变形缝防水节点做法

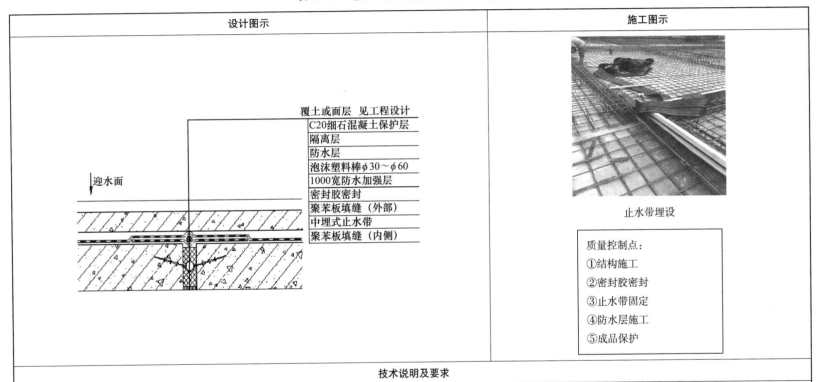

设计图示	施工图示

覆土或面层　见工程设计
C20细石混凝土保护层
隔离层
防水层
泡沫塑料棒 ϕ30～ϕ60
1000宽防水加强层
密封胶密封
聚苯板填缝（外部）
中埋式止水带
聚苯板填缝（内侧）

迎水面

止水带埋设

质量控制点：
① 结构施工
② 密封胶密封
③ 止水带固定
④ 防水层施工
⑤ 成品保护

技术说明及要求

1. 变形缝内两侧基面应平整、干净、干燥。

2. 变形缝迎水面应采用聚氨酯或聚硫密封胶密封。

3. 变形缝内填充聚苯板，并埋设中埋式钢边橡胶止水带或中埋式橡胶止水带，止水带宽度不小于350mm，其中橡胶止水带变形孔的宽度宜为30~50mm。止水带设置的位置应准确，其中间空心圆环应与变形缝的中心线重合，并宜采用铅丝等材料将其与钢筋骨架绑牢。

4. 变形缝迎水面部位应设置宽度不小于1000mm的防水加强层，可采用有胎卷材

3.5.4 地下工程顶板后浇带防水节点做法（表3-20）

表3-20 地下工程顶板后浇带防水节点做法

设计图示	施工图示

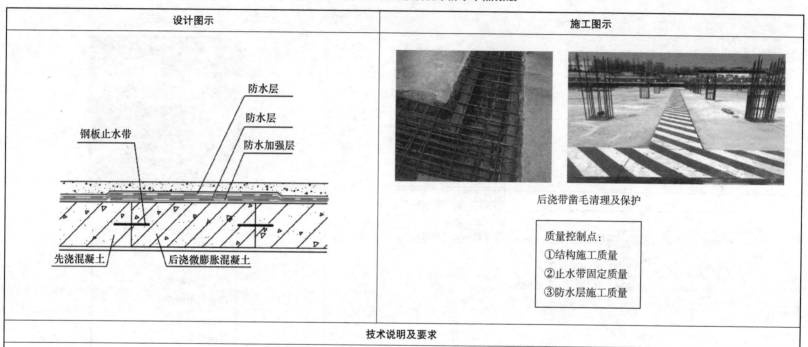

后浇带凿毛清理及保护

质量控制点：
①结构施工质量
②止水带固定质量
③防水层施工质量

技术说明及要求

1. 钢板止水带厚度3mm、宽度300mm；钢板止水带采用搭接连接，搭接长度不小于50mm双面满焊。在顶板混凝土浇筑前，在后浇带两侧安装好钢丝网。

2. 后浇带两条纵向接缝，每条缝正上方采用聚氨酯贴10~15cm宽无纺布进行防水加强，先做加强层，再按顶板防水材料做法施工。

3. 后浇带处先做卷材，收头应弹线，保证卷材整齐并在一条线上，混凝土保护层浇筑支模时，混凝土收头应后退15~20cm，卷材外露预留15~20cm宽，作为后浇带后续防水层搭接用。

4. 后浇带应增设防水加强层，加强层铺至施工缝每边外延150mm，可采用无胎卷材湿铺或干铺（与涂料复合）。

5. 后浇带混凝土浇筑前，应对该部位进行覆盖和保护，外露钢筋宜采取防锈措施。

6. 后浇带位置应采用补偿收缩混凝土浇筑，其抗渗性能和抗压强度等级不应低于两侧混凝土。后浇带混凝土宜一次浇筑，混凝土浇筑后应及时养护，养护时间不得少于28d

4 外墙及门窗工程防渗漏宝典

4.1 外墙及门窗常见渗漏状况及主要原因（表 4-1）

表 4-1 外墙及门窗常见渗漏状况及主要原因

渗漏部位	主要渗漏原因及问题照片
1. 外墙墙身渗水	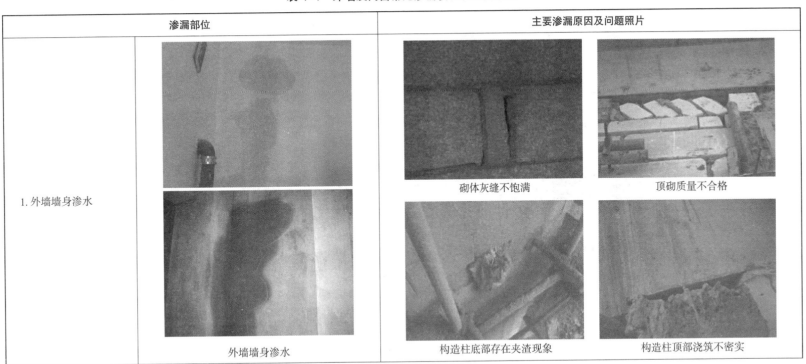 外墙墙身渗水　砌体灰缝不饱满　顶砌质量不合格　构造柱底部存在夹渣现象　构造柱顶部浇筑不密实

渗漏部位	主要渗漏原因及问题照片
1. 外墙墙身渗水	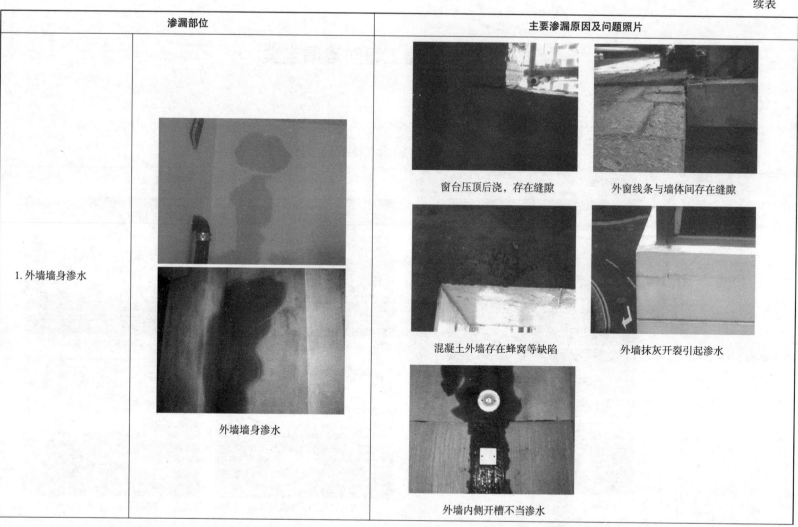

外墙墙身渗水

窗台压顶后浇，存在缝隙

外窗线条与墙体间存在缝隙

混凝土外墙存在蜂窝等缺陷

外墙抹灰开裂引起渗水

外墙内侧开槽不当渗水

渗漏部位		主要渗漏原因及问题照片
2.外墙孔洞渗水	 对拉螺杆孔渗水 外墙脚手眼渗水 空调孔渗水	 对拉螺杆孔在甩浆前未有效封堵 外墙孔洞使用碎砖封堵 外墙洞口封堵未支模且周边未清理、凿毛 空调孔后开（无套管）且坡度不满足要求

渗漏部位	主要渗漏原因及问题照片	
3. 外窗渗水	 窗顶、窗侧渗水	窗边发泡剂填塞质量差　窗边防水基层质量不合格 窗台积水，未设置坡度　滴水线缺失或做法不当 外窗密封胶条缺失　外窗加工质量差

4.2 外墙及门窗防渗漏管控宝典

（1）外墙及门窗工程防渗漏做法应执行现行《建筑装饰装修工程质量验收标准》（GB 50210）、《建筑工程施工质量验收统一标准》（GB 50300）、《住宅室内防水工程技术规范》（JGJ 298）、《建筑外墙防水工程技术规程》（JGJ/T 235）等标准的相关规定。多雨地区的建筑外墙应进行整体防水设防。防水层应做在迎水面。墙面整体防水设防包括所有外墙面的防水设防和节点部位的防水设防。外墙面的防水设防是指外墙构造应设置防水层，外保温外墙的防水抗裂层应有满足外墙防水设防的不透水性、抗渗性要求；节点部位的防水设防指门窗洞口、雨篷、阳台、变形缝、伸出外墙管道、女儿墙压顶、外墙预埋件、预制构件等交接部位应有防水构造措施。

（2）外墙装饰工程施工前，项目质量工程师必须组织监理、施工等单位技术人员进行图纸会审，根据工程各部位墙体特点、相关装饰做法，确定所有门窗等预留洞口、企口、过梁和窗台梁等位置、做法、尺寸，防水施工单位编制外墙及门窗防水工程施工方案报监理单位、建设单位审批后方可开展施工。

（3）建筑外墙防水层基层质量对防水设防具有重要作用。提高结构刚度、增加抗裂措施、减少墙体开裂是做好防水的前提。防水设防要点如下：

①外墙为轻骨料混凝土小型空心砌块或蒸压加气混凝土砌块时，墙底部应做现浇混凝土坎台。

②外墙砌体灰缝应饱满。实践证明，不管是清水墙还是混水墙，随砌随勾缝能大幅度提高外墙的防水抗渗能力。

③拉结筋与混凝土墙柱间的连接必须可靠，拉结筋锚固和伸出长度应满足设计要求。

④填充墙顶部采用砖斜砌或砖平砌＋打胶塞缝密实。

⑤构造柱的位置、数量及配筋要做好隐蔽工程验收，构造柱混凝土必须浇筑密实，必须先砌墙后浇筑。

⑥砌体与混凝土交接处、物料出入口处等后封墙体四周等部位必须铺设钢丝网或耐碱玻纤网格布。在加气混凝土上挂网用钉容易松动，应选用耐碱玻纤网格布。网格布应先压入防水砂浆内，并应做好挂网隐蔽验收。

⑦脚手眼等部位应采用细石混凝土灌实。

⑧防水层施工前，对外墙基层做一次淋水试验，发现渗漏及时修复。

（4）预埋应与土建混凝土或砌体同步进行，以避免后期凿洞；确因设计变更需要在外墙增加孔洞时，可以用机械开孔，严禁人工打凿。

（5）混凝土反坎、压顶设置：外墙结构线条、空调板、雨篷等必须设置200mm高混凝土反坎；所有窗台板必须浇筑C20混凝土压板，每边伸入墙内不少于250mm，混凝土压板向外找坡，高差20mm（支模时外侧模板比内侧模板低20mm）。

（6）砂浆防水层基层表面应为平整的毛面，光滑表面应做界面处理。界面处理的目的是增强构造层次之间的黏结强度。应根据不同的构造层材料选择相应的界面材料以及施工工艺，并按要求湿润。为保证与基层的黏结能力，基层表面应为干净的毛面，抹压防水砂浆前基层应充分湿润，以保证防水砂浆中有足够的水分使水泥产生水化反应。

（7）外墙第一遍面漆完成后（或外墙砖粘贴完成后）再进行一次淋水试验，并形成检查记录备查。

（8）女儿墙压顶宜采用金属压顶，压顶应向内找坡，坡度不应小于5%。压顶是屋面和外墙的交界部位，是防水设计中容易忽视的部位。压顶主要有金属制品压顶或钢筋混凝土压顶。金属制品压顶安装方便、使用可靠，故推荐使用。无论采用哪种压顶形式，均应做好压顶的防水处理，最好的办法就是外墙面防水层翻过女儿墙与屋面防水层搭接，连成整体。

（9）外墙预埋件、固定件四周应用合成高分子密封材料或防水涂料封闭严密。

4.3 外墙及门窗节点构造做法宝典

4.3.1 空调板／结构线条防水节点做法（表4-2）

表4-2 空调板/结构线条防水节点做法

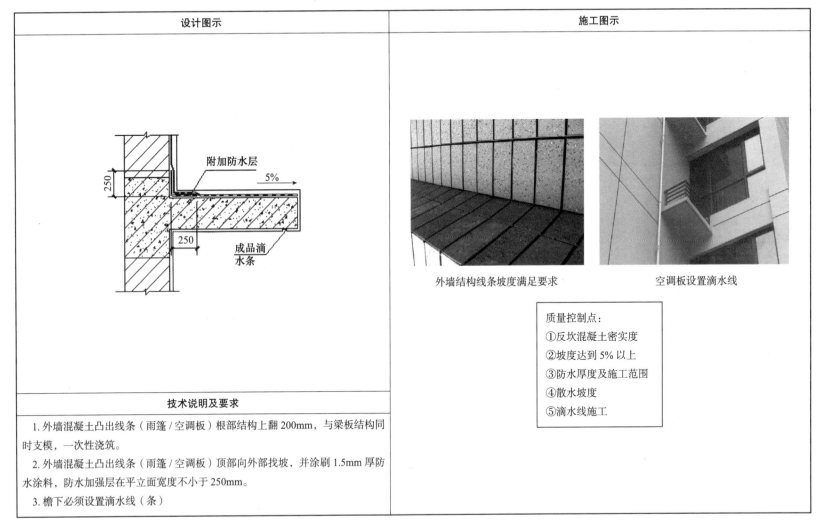

设计图示	施工图示
	外墙结构线条坡度满足要求　空调板设置滴水线

质量控制点：
①反坎混凝土密实度
②坡度达到5%以上
③防水厚度及施工范围
④散水坡度
⑤滴水线施工

技术说明及要求

1. 外墙混凝土凸出线条（雨篷/空调板）根部结构上翻200mm，与梁板结构同时支模，一次性浇筑。

2. 外墙混凝土凸出线条（雨篷/空调板）顶部向外部找坡，并涂刷1.5mm厚防水涂料，防水加强层在平立面宽度不小于250mm。

3. 檐下必须设置滴水线（条）

4.3.2 有百叶窗空调板防水节点做法（表4-3）

表4-3 有百叶窗空调板防水节点做法

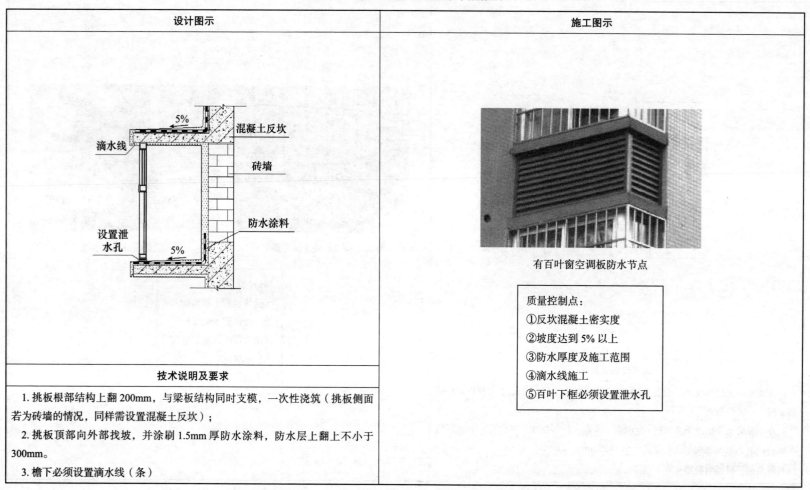

设计图示	施工图示

有百叶窗空调板防水节点

质量控制点：
①反坎混凝土密实度
②坡度达到5%以上
③防水厚度及施工范围
④滴水线施工
⑤百叶下框必须设置泄水孔

技术说明及要求

1. 挑板根部结构上翻200mm，与梁板结构同时支模，一次性浇筑（挑板侧面若为砖墙的情况，同样需设置混凝土反坎）；

2. 挑板顶部向外部找坡，并涂刷1.5mm厚防水涂料，防水层上翻上不小于300mm。

3. 檐下必须设置滴水线（条）

4.3.3 外墙对拉螺栓孔封堵防水节点做法（表 4-4）

表 4-4 外墙对拉螺栓孔封堵防水节点做法

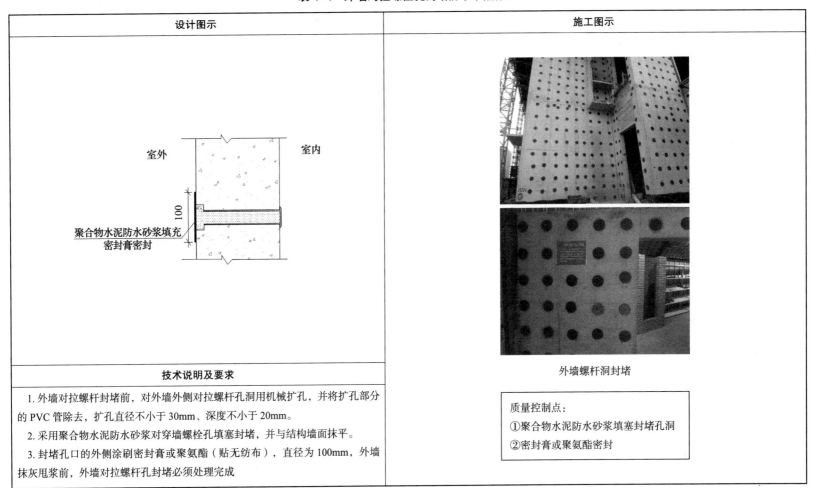

设计图示	施工图示
技术说明及要求 1. 外墙对拉螺杆封堵前，对外墙外侧对拉螺杆孔洞用机械扩孔，并将扩孔部分的 PVC 管除去，扩孔直径不小于 30mm、深度不小于 20mm。 2. 采用聚合物水泥防水砂浆对穿墙螺栓孔填塞封堵，并与结构墙面抹平。 3. 封堵孔口的外侧涂刷密封膏或聚氨酯（贴无纺布），直径为 100mm，外墙抹灰甩浆前，外墙对拉螺杆孔封堵必须处理完成	外墙螺杆洞封堵 质量控制点： ①聚合物水泥防水砂浆填塞封堵孔洞 ②密封膏或聚氨酯密封

设计图示中标注：室外、室内、100、聚合物水泥防水砂浆填充、密封膏密封

4.3.4 外窗防水构造做法（表4-5）

表4-5 外窗防水构造做法

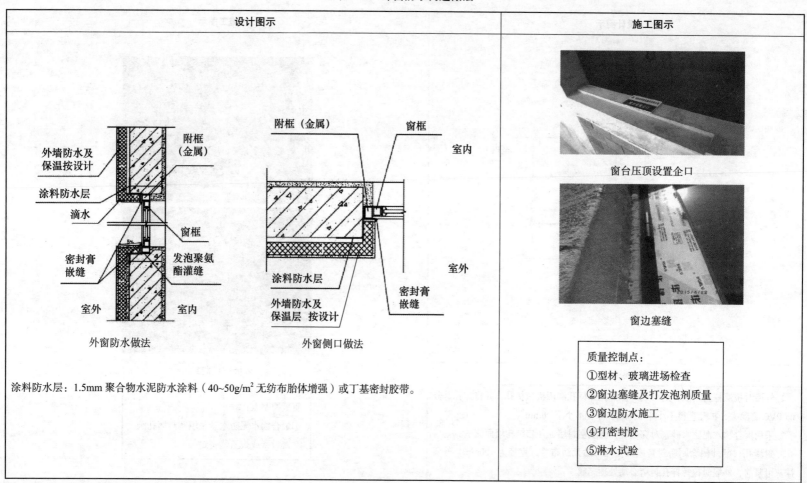

设计图示	施工图示

设计图示部分标注：

外墙防水及保温按设计
涂料防水层
滴水
密封膏嵌缝
附框（金属）
窗框
发泡聚氨酯灌缝
室外　室内

外窗防水做法

附框（金属）
窗框
室内
涂料防水层
外墙防水及保温层 按设计
密封膏嵌缝
室外

外窗侧口做法

涂料防水层：1.5mm 聚合物水泥防水涂料（40~50g/m² 无纺布胎体增强）或丁基密封胶带。

施工图示部分：

窗台压顶设置企口

窗边塞缝

质量控制点：
①型材、玻璃进场检查
②窗边塞缝及打发泡剂质量
③窗边防水施工
④打密封胶
⑤淋水试验

续表

技术说明及要求
1. 墙体为砌体时，将已安装好的固定片固定在混凝土块上，预留的混凝土块必须满足安装间距的要求。 2. 窗台宜设置混凝土压顶，靠外墙位置压顶宜设置企口（2~3cm 高）。 3. 门窗框与墙体间的缝隙宜采用聚合物水泥防水砂浆或发泡聚氨酯填充。若采用聚合物水泥防水砂浆填充，应密实填塞副框与洞口间缝隙，并在四周阴角处抹圆角；砂浆达到一定强度后取出临时固定木楔，用聚合物水泥防水砂浆密实填补该缝隙。若采用发泡聚氨酯填充，打发泡胶前应将缝隙清理干净，并将窗框与洞口间的缠绕保护膜撕去，多余的发泡胶应在其固化前用专用工具压入缝隙中，严禁固化后用刀片切割。 4. 待砂浆干燥或多余的发泡胶处理完成后，在洞口外侧四周分多遍涂刷防水涂料，须保证其厚度不小于 1.5mm（一布三涂），防水与窗框搭接不小于 15mm，平面宽度不小于 50mm。 5. 外饰面完成并干燥后，在外饰面与门窗框交接处的阴角处打中性硅酮密封胶

4.3.5 外墙散水防水节点做法（表 4-6）

表 4-6 外墙散水防水节点做法

设计图示	施工图示

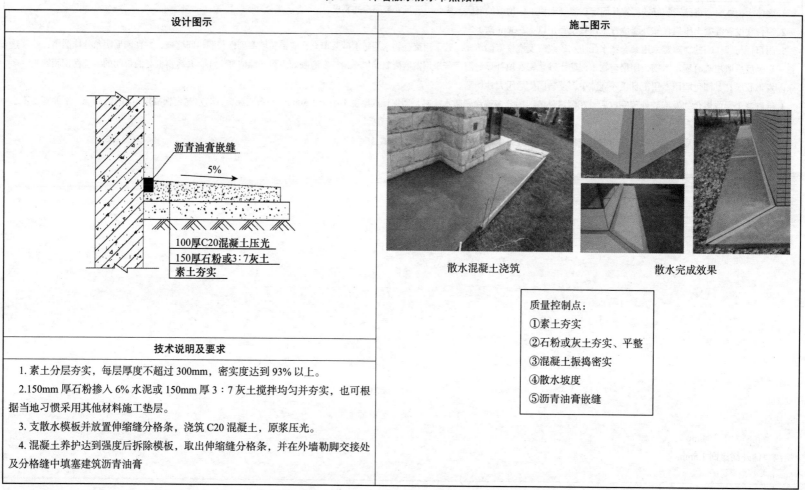

沥青油膏嵌缝

5%

100厚C20混凝土压光
150厚石粉或3：7灰土
素土夯实

散水混凝土浇筑　　　　　　散水完成效果

质量控制点：
①素土夯实
②石粉或灰土夯实、平整
③混凝土振捣密实
④散水坡度
⑤沥青油膏嵌缝

技术说明及要求

1. 素土分层夯实，每层厚度不超过 300mm，密实度达到 93% 以上。

2. 150mm 厚石粉掺入 6% 水泥或 150mm 厚 3：7 灰土搅拌均匀并夯实，也可根据当地习惯采用其他材料施工垫层。

3. 支散水模板并放置伸缩缝分格条，浇筑 C20 混凝土，原浆压光。

4. 混凝土养护达到强度后拆除模板，取出伸缩缝分格条，并在外墙勒脚交接处及分格缝中填塞建筑沥青油膏

4.3.6 外墙孔洞封堵防水节点做法（表 4-7）

表 4-7 外墙孔洞封堵防水节点做法

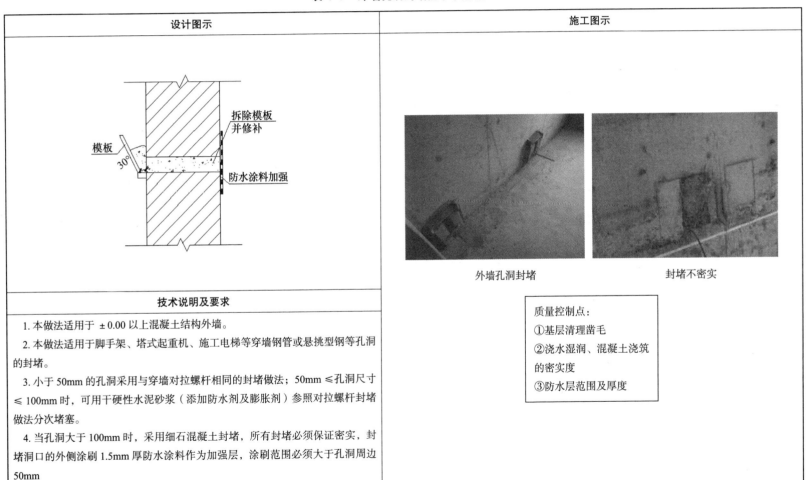

设计图示	施工图示

技术说明及要求

1. 本做法适用于 ±0.00 以上混凝土结构外墙。

2. 本做法适用于脚手架、塔式起重机、施工电梯等穿墙钢管或悬挑型钢等孔洞的封堵。

3. 小于 50mm 的孔洞采用与穿墙对拉螺杆相同的封堵做法；50mm ≤ 孔洞尺寸 ≤ 100mm 时，可用干硬性水泥砂浆（添加防水剂及膨胀剂）参照对拉螺杆封堵做法分次堵塞。

4. 当孔洞大于 100mm 时，采用细石混凝土封堵，所有封堵必须保证密实，封堵洞口的外侧涂刷 1.5mm 厚防水涂料作为加强层，涂刷范围必须大于孔洞周边 50mm

外墙孔洞封堵　　　　封堵不密实

质量控制点：
①基层清理凿毛
②浇水湿润、混凝土浇筑的密实度
③防水层范围及厚度

设计图示中标注：模板、30°、拆除模板并修补、防水涂料加强

4.3.7 外墙空调孔洞防水节点做法（表4-8）

表4-8 外墙空调孔洞防水节点做法

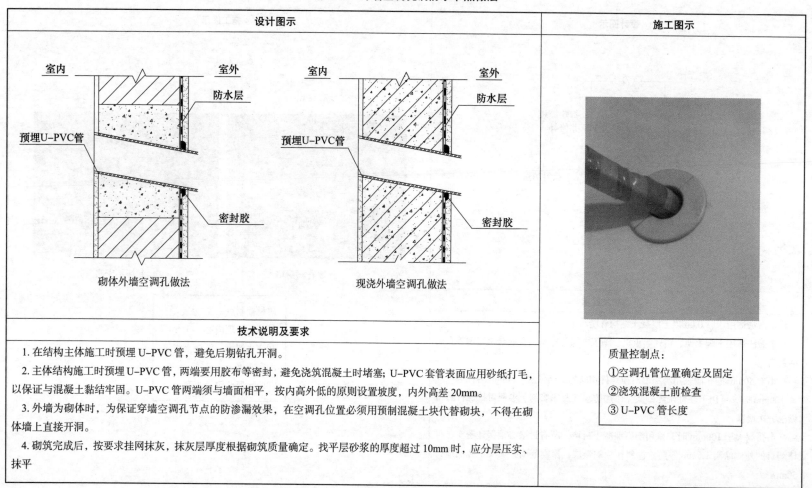

设计图示	施工图示
砌体外墙空调孔做法　　　现浇外墙空调孔做法	

技术说明及要求

1. 在结构主体施工时预埋 U-PVC 管，避免后期钻孔开洞。

2. 主体结构施工时预埋 U-PVC 管，两端要用胶布等密封，避免浇筑混凝土时堵塞；U-PVC 套管表面应用砂纸打毛，以保证与混凝土黏结牢固。U-PVC 管两端须与墙面相平，按内高外低的原则设置坡度，内外高差 20mm。

3. 外墙为砌体时，为保证穿墙空调孔节点的防渗漏效果，在空调孔位置必须用预制混凝土块代替砌块，不得在砌体墙上直接开洞。

4. 砌筑完成后，按要求挂网抹灰，抹灰层厚度根据砌筑质量确定。找平层砂浆的厚度超过 10mm 时，应分层压实、抹平

质量控制点：
①空调孔管位置确定及固定
②浇筑混凝土前检查
③U-PVC 管长度

4.3.8 外墙变形缝防水节点做法（表 4-9）

表 4-9 外墙变形缝防水节点做法

设计图示	施工图示

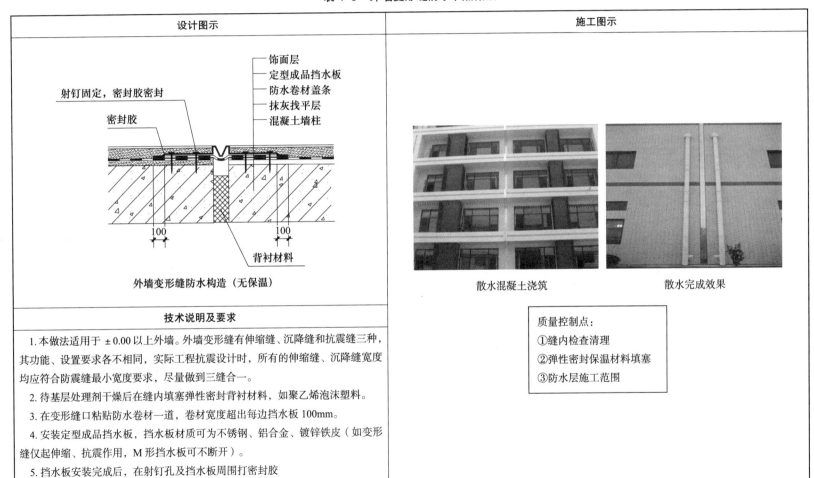

外墙变形缝防水构造（无保温）

散水混凝土浇筑　　散水完成效果

技术说明及要求

质量控制点：
①缝内检查清理
②弹性密封保温材料填塞
③防水层施工范围

1.本做法适用于 ±0.00 以上外墙。外墙变形缝有伸缩缝、沉降缝和抗震缝三种，其功能、设置要求各不相同，实际工程抗震设计时，所有的伸缩缝、沉降缝宽度均应符合防震缝最小宽度要求，尽量做到三缝合一。

2.待基层处理剂干燥后在缝内填塞弹性密封背衬材料，如聚乙烯泡沫塑料。

3.在变形缝口粘贴防水卷材一道，卷材宽度超出每边挡水板 100mm。

4.安装定型成品挡水板，挡水板材质可为不锈钢、铝合金、镀锌铁皮（如变形缝仅起伸缩、抗震作用，M 形挡水板可不断开）。

5.挡水板安装完成后，在射钉孔及挡水板周围打密封胶

5 室内工程防渗漏宝典

5.1 室内常见渗漏状况及主要原因（表5-1）

表5-1 室内常见渗漏状况及主要原因

渗漏部位		主要渗漏原因及问题照片
1.卫生间楼板渗水	卫生间楼板渗水	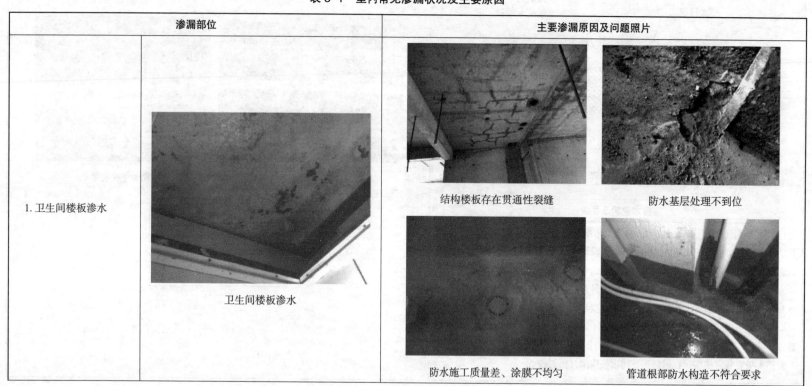 结构楼板存在贯通性裂缝　　防水基层处理不到位 防水施工质量差、涂膜不均匀　　管道根部防水构造不符合要求

渗漏部位	主要渗漏原因及问题照片	
1. 卫生间楼板渗水	卫生间楼板渗水	防水基层未设置 R 角及防水加强层 防水基层未做、涂膜厚度不足 管线后开槽，破坏了防水层 侧排地漏未设在卫生间最低点 沉箱内管道未固定、回填建筑垃圾

渗漏部位	主要渗漏原因及问题照片
2. 卫生间墙体渗水	 卫生间墙体渗水	 卫生间砖墙未设置防水混凝土反坎 防水混凝土反坎高度不够 混凝土反坎成型较差、存在裂缝 混凝土反坎底部及竖向结合面未凿毛处理

渗漏部位	主要渗漏原因及问题照片
2. 卫生间墙体渗水	卫生间墙体渗水	给水管从反坎根部穿设，破坏防水性能　 防水混凝土反坎浇筑不密实 门槛防水涂膜未向外延伸及上翻　 门槛石与混凝土反坎间缝隙过大 卫生间门槛石铺贴未采用湿贴

续表

渗漏部位	主要渗漏原因及问题照片
3. 卫生间、厨房、阳台管道根部渗水	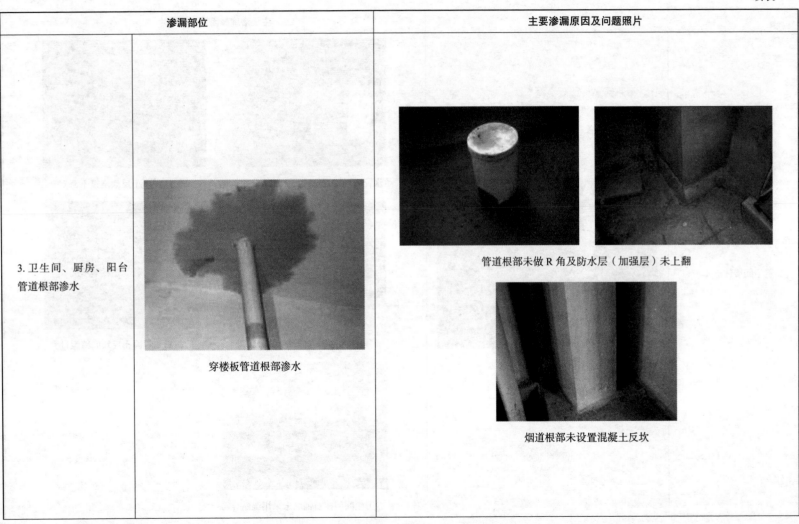

穿楼板管道根部渗水

管道根部未做 R 角及防水层（加强层）未上翻

烟道根部未设置混凝土反坎

渗漏部位	主要渗漏原因及问题照片
3. 卫生间、厨房、阳台管道根部渗水	厨卫间烟道根部渗水	立管吊洞混凝土浇筑不密实且存在夹渣现象 立管采用泡沫板配合铁丝吊模

续表

渗漏部位		主要渗漏原因及问题照片
4. 入户门槛渗水	 入户门槛渗水	 公共连廊无排水措施，雨水易倒灌入楼梯间、电梯井、入户门 门槛存在缝隙，砂浆不密实

渗漏部位		主要渗漏原因及问题照片
5. 室内渗漏其他问题	外墙、窗边、阳台、幕墙等部位	顶层阳台与室内交接部位未设置反坎且阳台散排，水易涌进室内 斜屋面与墙面交接处未设置挡水坎，水易渗入墙内 石材与铝板交接处存在朝天缝，雨水渗入铝板，易造成窗边渗漏 裙房建筑完成面高于室内结构面，室内墙面根部渗水

渗漏部位		主要渗漏原因及问题照片
5. 室内渗漏其他问题	外墙、窗边、阳台、幕墙等部位	 墙底部未设置防水反坎　　　外墙均未设置压顶，粘贴保温存在 朝天缝，易造成外墙渗漏

5.2　室内防渗漏管控宝典

（1）室内工程防渗漏做法应执行《建筑地面工程施工质量验收规范》（GB 50209）、《住宅装饰装修工程施工规范》（GB 50327）、《住宅室内防水工程技术规范》（JGJ 298）等现行相关标准的规定，并按图纸要求施工。

（2）防水工程施工前，项目质量工程师必须组织监理、施工等单位技术人员进行图纸会审，掌握工程主体及细部构造的防水技术要求，并编制防水工程施工方案。防水工程施工方案报送监理单位、建设单位审批后方可开展施工。

（3）楼地面结构自防水是楼地面防水的重要组成部分，为了提高楼地面自防水的性能，可采取降低楼面混凝土坍落度、混凝土浇捣密实后采取表面二次压实收光等施工措施，减少产生裂缝的可能性。同时加强混凝土的养护，养护时间不少于14d。

（4）厨卫间和有防水要求的建筑地面必须设置混凝土反坎。厨卫间和有防水要求的楼地面周边除门洞外，应向上做一道高度不小于200mm的现浇混凝土反坎，宜与楼板同时浇筑；建筑完成地面标高应比室内其他房间地面低20mm以上。

（5）上下水管等预留洞口位置应准确，洞口形状为上大下小。PVC管道穿过楼地面时，应预埋带止水翼环的止水节或套管配件。

预埋套管应高出装饰地面 50mm。应选用底部为双层内插式承口的止水节（图 5-1）。

（6）现浇板预留洞口填塞前，应将洞口凿毛处理、冲洗干净并涂刷界面剂。洞口填塞至少分两次浇筑，先用掺入抗裂防渗剂的微膨胀细石混凝土或聚合物水泥砂浆浇筑至楼板厚度 2/3 处，待混凝土凝固后进行 24h 蓄水试验；无渗漏后，用掺入抗裂防渗剂的聚合物水泥砂浆填塞密实。管道安装后，应在管周进行 24h 蓄水试验，不渗不漏后再做防水层。

底座

图 5-1　双层内插式承口止水节

（7）楼地面防水层宜直接做在可靠的、具有自防水能力的结构面上，符合"刚柔相济""皮肤式"防水理念。防水施工前，应先将楼板四周清理干净，最好先喷一道渗漏结晶型防水剂，进一步提高防水能力。楼地面防水层一般可选用耐水性好的防水涂料。防水涂料对基层平整度的要求不是很高，如果为了追求平整度而去找平，反而容易产生"窜水"风险。防水层的泛水高度不得小于 300mm。

（8）防水涂料和砂浆的固化需要一定的时间，在未完全固化前不得浸水，否则对材料性能有一定影响。水性防水涂料在固化初期浸水会产生"返乳"现象，对成膜质量有严重影响。实际工程中，聚合物水泥防水涂料施工后第三天蓄水试验出现渗漏水情况，经分析与防水涂料在低温、不通风环境下，固化速度慢、防水材料不能正常固化成膜有关。

（9）楼地面找平层朝地漏方向的排水坡度为 1%~1.5%，地漏口要比相邻地面低 5mm。

（10）当厨房、卫生间采用地暖时，防水层不可采用受热状态下有挥发性气味的防水涂料。

（11）室内管道不宜采用结构板上开槽埋设的方法。当必须采用开槽方式埋设时，开槽深度不应超过钢筋保护层厚度，埋管后必须用水泥砂浆填实。

（12）有防水要求的楼地面施工完毕后，应进行 24h 蓄水试验，蓄水高度不小于 25mm，不渗不漏为合格。

5.3　室内节点构造做法宝典

5.3.1　无沉箱卫生间地面防水构造做法（表 5-2）

表5-2 无沉箱卫生间地面防水构造做法

设计图示	施工图示
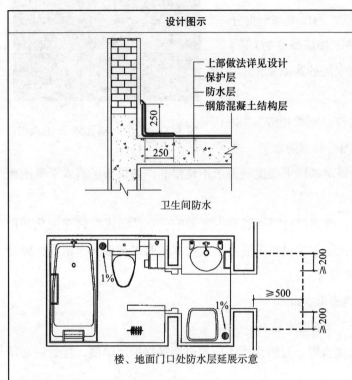卫生间防水 楼、地面门口处防水层延展示意	 卫生间防水上翻、阴角、R角、防水加强层施工 质量控制点： ①基层处理 ②防水层厚度、范围（防水加强层） ③烟道、排水管道防水构造做法 ④排水坡度 ⑤闭水试验

设计图示标注：
- 上部做法详见设计
- 保护层
- 防水层
- 钢筋混凝土结构层
- 250
- 250

1. 钢筋混凝土楼板，结构须做24h闭水试验。
2. 防水层：

　地面：1.5mm无溶剂环保型单组分聚氨酯防水涂料（一布三涂，上翻至墙面，高度至完成面以上250mm）。

　墙面：250mm以上建议做刚性材料，如3.0mm仿生纤维防水砂浆。
3. 最薄20mm厚1:3水泥砂浆保护层（从门口向地漏找1%坡度）。
4. 预留50mm装修面层做法

技术说明及要求

　1. 混凝土楼板浇筑必须随打随抹平；基层表面需修补平整，在四周墙根阴角处抹半径不小于20mm圆角，管线安装及地漏、烟风道、管根等部位封堵完成，做24h结构闭水试验，蓄水水位30~50mm，比卫生间地面最高处高25mm以上；发现渗漏需进行修补并验收合格。

　2. 闭水试验合格后，在管周、管井、地漏、阴角等部位施工防水加强层。防水加强层材料及做法与地面防水层相同，防水加强层向墙高和水平方向各延伸250mm。

　3. 防水层完工后将门口与地漏封堵，进行24h闭水试验，闭水高度不小于25mm，并比楼板与导墙相接处高出20mm以上；做好闭水试验观察记录，如发现渗漏及时整改，直至再次闭水验收合格。

　4. 饰面层完成后最高点应比相邻厅/房完成面低20mm。饰面层排水坡度和坡向必须正确，不得有倒泛水和积水现象

5.3.2 有沉箱卫生间地面防水构造做法（表5-3）

表5-3 有沉箱卫生间地面防水构造做法

设计图示	施工图示

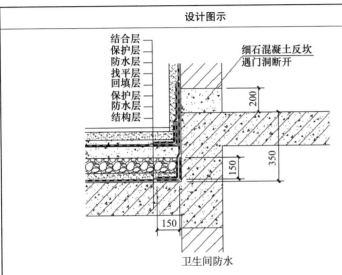

卫生间防水

沉箱内管道安装及固定

质量控制点：
①基层处理
②防水层厚度、范围（防水加强层）
③烟道、排水管道防水构造做法
④排水坡度
⑤闭水试验

技术说明及要求

1. 钢筋混凝土楼板，随打随抹平，结构须做24h闭水试验。

2. 防水层：

地面：

方案一：1.5mm无溶剂环保型单组分聚氨酯防水涂料（下）+1.5mm无溶剂环保型单组分聚氨酯防水涂料（上）

方案二：1.5mm厚聚合物水泥防水涂料（下）+1.5mm无溶剂环保型单组分聚氨酯防水涂料（上）

（三涂一布，上翻至墙面，高度至完成面以上250mm）

墙面：3.0mm仿生纤维防水砂浆（浴缸、淋浴间，高度至吊顶以上50mm或楼板下）。

3. 最薄20mm厚1:3水泥砂浆保护层（从门口向地漏找1%坡度）。

4. 预留50mm装修面层做法

1. 混凝土楼板浇筑必须随打随抹平；基层表面需修补平整、在四周墙根阴角处抹半径不小于20mm小圆角，管线安装及地漏、烟风道、管根等部位封堵完成，做24h结构闭水试验，蓄水水位30~50mm，比卫生间地面最高处高25mm以上；发现渗漏需进行修补并验收合格。

2. 防水层完工后将门口与地漏封堵，进行24h闭水试验，闭水高度30~50mm，并比楼板与导墙相接处高出20mm以上；做好闭水试验观察记录，如发现渗漏及时整改，直至再次闭水验收合格。

3. 饰面层完成后最高点应比相邻厅/房完成面低20mm。饰面层排水坡度和坡向必须正确，不得有倒泛水和积水现象

5.3.3 地漏防水节点做法（表5-4）

表5-4 地漏防水节点做法

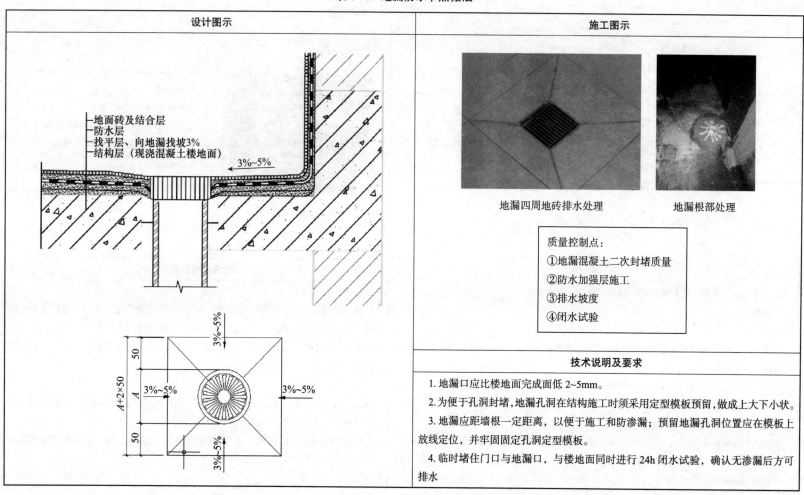

设计图示	施工图示

设计图示标注：
—地面砖及结合层
—防水层
—找平层、向地漏找坡3%
—结构层（现浇混凝土楼地面）
3%~5%

施工图示：地漏四周地砖排水处理　地漏根部处理

质量控制点：
①地漏混凝土二次封堵质量
②防水加强层施工
③排水坡度
④闭水试验

技术说明及要求

1. 地漏口应比楼地面完成面低2~5mm。

2. 为便于孔洞封堵，地漏孔洞在结构施工时须采用定型模板预留，做成上大下小状。

3. 地漏应距墙根一定距离，以便于施工和防渗漏；预留地漏孔洞位置应在模板上放线定位，并牢固固定孔洞定型模板。

4. 临时堵住门口与地漏口，与楼地面同时进行24h闭水试验，确认无渗漏后方可排水

实物图例

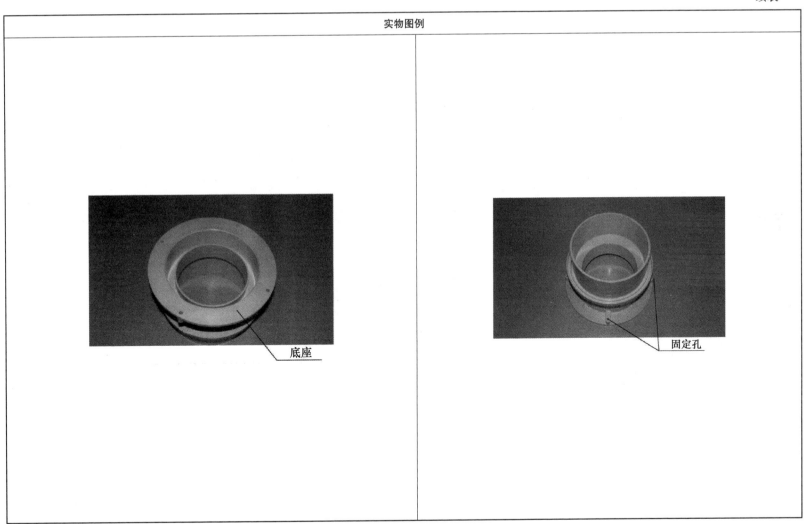

底座

固定孔

5.3.4 卫生间反坎防水节点做法（表5-5）

表 5-5　卫生间反坎防水节点做法

设计图示	施工图示

设计图示标注：
- 卫生间混凝土返边
- 面层按设计
- 保护层
- 防水层
- 找平兼找坡层
- 结构层
- -0.020

- 面层按设计
- 保护层
- 防水层
- 找平层找坡层
- 结构层
- 反坎
- 密封胶
- 200
- 细石混凝土

施工图示说明：
卫生间四周设置混凝土反坎

管道井四周设置混凝土反坎

混凝土反坎与原结构接触面凿毛

给水管从反坎中部上翻穿设

质量控制点：
① 混凝土翻边凿毛、清理及湿润
② 支模及混凝土浇筑质量
③ 混凝土翻边高低及宽度尺寸

技术说明及要求

1. 卫生间应考虑满足楼面做法厚度的结构降板，管道井应设钢筋混凝土反坎（反边）。

2. 卫生间、卫生间管井钢筋混凝土反坎高度：沿结构层表面上翻200mm。

3. 卫生间防水做法与"5.3.1　无沉箱卫生间地面防水构造做法""5.3.2　有沉箱卫生间地面防水构造做法"相同

5.3.5 无套管穿楼板管道防水节点做法（表5-6）

表5-6 无套管穿楼板管道防水节点做法

设计图示	技术说明及要求
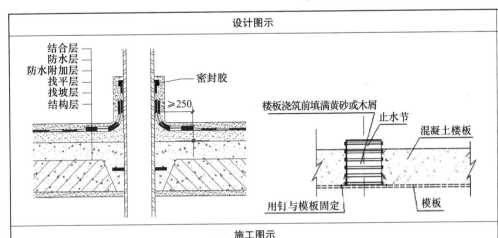	1. 当穿楼板管道不设套管时，结构施工时必须在楼板上准确预留孔洞位置，避免后期钻孔开洞。 2. 封洞吊模应采用木质或专用模板（封堵定型模板，见下图）在板下支固。严禁采用铁丝、泡沫等材质吊模。 3. 穿板排水管混凝土浇筑前，预留洞壁应做毛化处理；分两次浇筑 C20 细石混凝土（掺膨胀剂），充分插捣密实，并在管根与结构楼板之间留凹槽，槽深 10mm。第一次浇筑完毕，应进行闭水试验，确保不渗水。 4. 防水层选材和卫生间、厨房、阳台楼地面防水做法相同；防水加强层沿管道上翻 50mm，平面超出管道周边 250mm；防水层在管道根部上翻 50mm，并在管道周边、防水收头处打密封胶。 5. 无套管楼板管道建议采用成品止水节，在结构楼板施工时，直接将止水节安装在楼板模板上，将止水节管身一次性浇筑在结构楼板混凝土内，止水节与混凝土黏结紧密，不易出现渗漏现象
施工图示	

 封堵定型模板施工

 止水节预埋施工

质量控制点：
①孔洞清理凿毛
②混凝土密实度
③嵌填密封膏
④防水层施工质量
⑤闭水试验
建议采用成品止水节

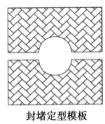

封堵定型模板

5.3.6 有套管穿楼板管道防水节点做法（表5–7）

表5–7　有套管穿楼板管道防水节点做法

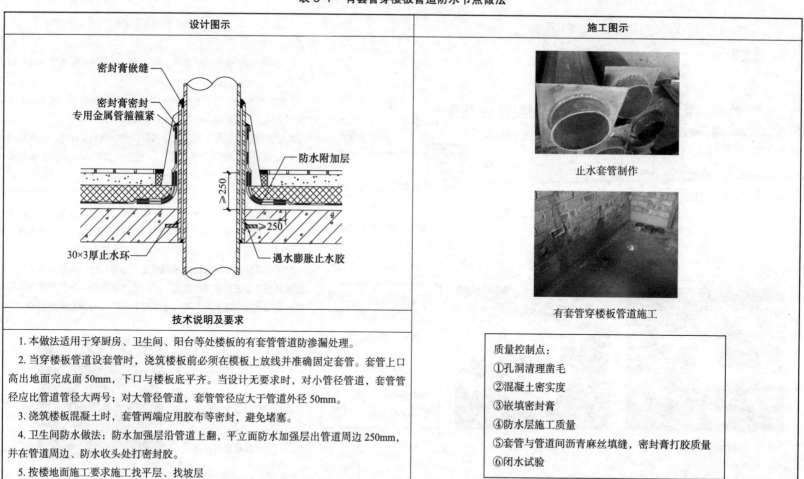

设计图示	施工图示
（见图，标注：密封膏嵌缝、密封膏密封、专用金属管箍箍紧、防水附加层、≥250、30×3厚止水环、遇水膨胀止水胶、≥250）	止水套管制作 有套管穿楼板管道施工

技术说明及要求

1. 本做法适用于穿厨房、卫生间、阳台等处楼板的有套管管道防渗漏处理。

2. 当穿楼板管道设套管时，浇筑楼板前必须在模板上放线并准确固定套管。套管上口高出地面完成面50mm，下口与楼板底平齐。当设计无要求时，对小管径管道，套管管径应比管道管径大两号；对大管径管道，套管管径应大于管道外径50mm。

3. 浇筑楼板混凝土时，套管两端应用胶布等做密封，避免堵塞。

4. 卫生间防水做法：防水加强层沿管道上翻，平立面防水加强层出管道周边250mm，并在管道周边、防水收头处打密封胶。

5. 按楼地面施工要求施工找平层、找坡层

质量控制点：
①孔洞清理凿毛
②混凝土密实度
③嵌填密封膏
④防水层施工质量
⑤套管与管道间沥青麻丝填缝，密封膏打胶质量
⑥闭水试验

5.3.7 厨房、卫生间烟道防水节点做法（表5-8）

表5-8 厨房、卫生间烟道防水节点做法

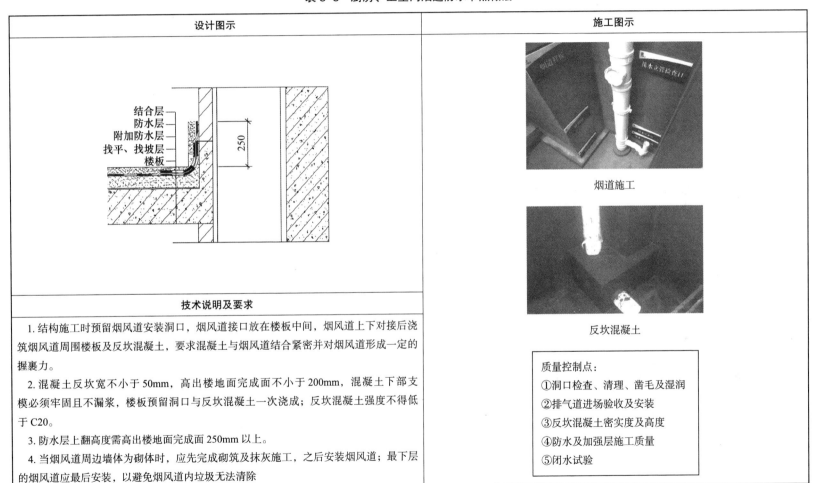

设计图示	施工图示

烟道施工

反坎混凝土

技术说明及要求

1. 结构施工时预留烟风道安装洞口，烟风道接口放在楼板中间，烟风道上下对接后浇筑烟风道周围楼板及反坎混凝土，要求混凝土与烟风道结合紧密并对烟风道形成一定的握裹力。

2. 混凝土反坎宽不小于50mm，高出楼地面完成面不小于200mm，混凝土下部支模必须牢固且不漏浆，楼板预留洞口与反坎混凝土一次浇成；反坎混凝土强度不得低于C20。

3. 防水层上翻高度需高出楼地面完成面250mm以上。

4. 当烟风道周边墙体为砌体时，应先完成砌筑及抹灰施工，之后安装烟风道；最下层的烟风道应最后安装，以避免烟风道内垃圾无法清除

质量控制点：
①洞口检查、清理、凿毛及湿润
②排气道进场验收及安装
③反坎混凝土密实度及高度
④防水及加强层施工质量
⑤闭水试验

设计图示标注：结合层、防水层、附加防水层、找平、找坡层、楼板、250

5.3.8　露台及开敞式阳台与室内门槛防水节点做法（表5-9）

表5-9　露台及开敞式阳台与室内门槛防水节点做法

设计图示	施工图示
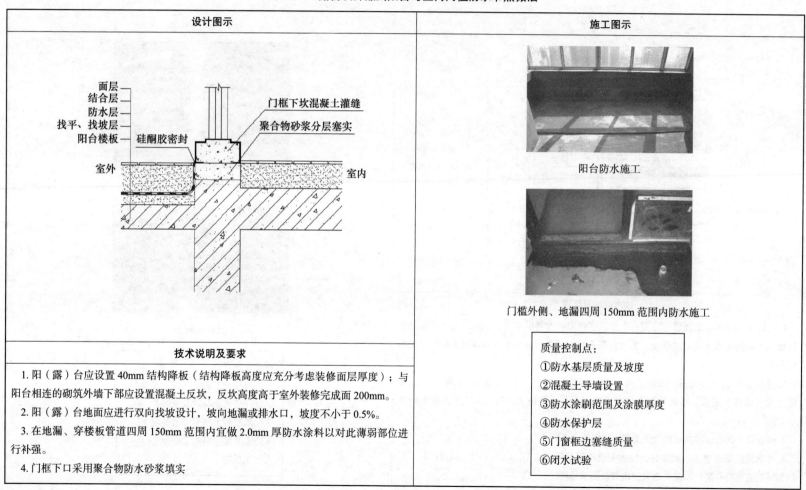	

阳台防水施工

门槛外侧、地漏四周150mm范围内防水施工

技术说明及要求

1. 阳（露）台应设置40mm结构降板（结构降板高度应充分考虑装修面层厚度）；与阳台相连的砌筑外墙下部应设置混凝土反坎，反坎高度高于室外装修完成面200mm。

2. 阳（露）台地面应进行双向找坡设计，坡向地漏或排水口，坡度不小于0.5%。

3. 在地漏、穿楼板管道四周150mm范围内宜做2.0mm厚防水涂料以对此薄弱部位进行补强。

4. 门框下口采用聚合物防水砂浆填实

质量控制点：

①防水基层质量及坡度

②混凝土导墙设置

③防水涂刷范围及涂膜厚度

④防水保护层

⑤门窗框边塞缝质量

⑥闭水试验

5.3.9 无沉箱（平层）卫生间精装修地面防水构造做法（表5-10）

表5-10 无沉箱（平层）卫生间精装修地面防水构造做法（有沉箱卫生间可参照此做法）

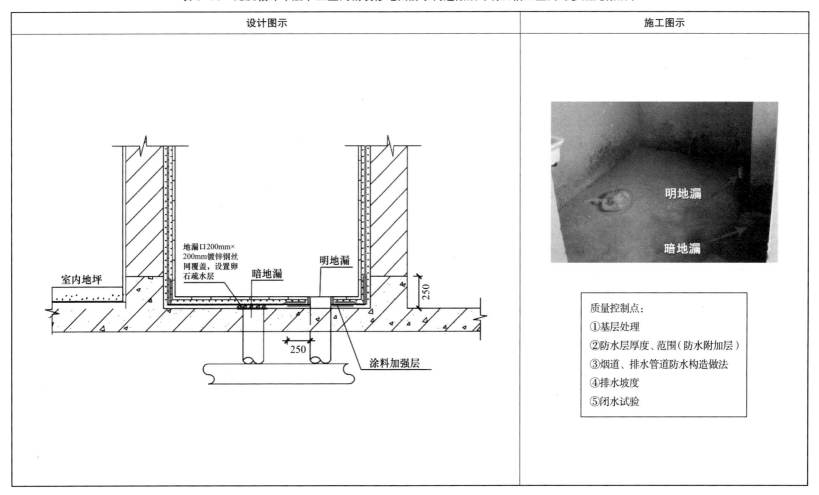

续表

技术说明及要求
1. 混凝土楼板浇筑必须随打随抹平；基层表面需修补平整、在四周墙根阴角处抹径半径不小于 20mm 小圆角，管线安装及地漏、烟风道、管根等部位封堵完成，做 24h 结构闭水试验，蓄水水位 30~50mm，比卫生间地面最高处高 20mm 以上；发现渗漏需进行修补并验收合格。
2. 闭水试验合格后，在管周、管井、地漏、阴角等部位施工防水加强层。防水加强层材料及做法与地面防水层相同，防水加强层向墙高和水平方向各延伸 250mm。
3. 防水层完工后将门口与地漏封堵，进行 24h 闭水试验，闭水高度 30~50mm，并比楼板与导墙相接处高出 20mm 以上；做好闭水试验观察记录，如发现渗漏及时整改，直至再次闭水验收合格。
4. 饰面层完成后最高点应比相邻厅 / 房完成面低 20mm。饰面层排水坡度和坡向必须正确，不得有倒泛水和积水现象。
5. 精装修卫生间在防水涂膜保护层施工完成后，应待水暖专业管道铺设完毕并经验收合格后，方可进行后续施工，工序交接过程中，设备与土建专业应密切配合。
6. 精装修卫生间地面面层完成后，应进行第二次闭水试验，闭水时间不少于 24h，其间楼板下方、墙边角处、管道周边等部位无渗漏、无湿润现象为合格，同时填写闭水检查记录并按程序进行防水施工验收。
7. 卫生间面层下部设置二次排水地漏（暗地漏），与排水主管连通，地漏口用 200mm×200mm 镀锌钢丝网覆盖，设置卵石疏水层。
8. 卫生间、淋浴间四周墙体下部均应设同墙宽 200mm 高素混凝土（等级同楼板）翻边。
9. 防水层上翻高度：
（1）安装带软管淋浴喷头的墙面及其两侧墙面自地面以上 1800mm；
（2）采用暗管（无软管）安装的淋浴喷头的墙面及其两侧墙面自地面以上应不低于淋浴喷头高度，同时不应小于 1800mm；
（3）与浴缸接触的墙面，自地面至浴缸顶面以上 300mm；
（4）与洗面盆接触的墙面，自地面至洗面盆以上 300mm；
（5）小便池处自地面以上 1800mm；
（6）穿过楼板的管道（包括套管），自管根部以上 100mm。
10. 瓷砖层下如长期存在大量积水，除增加卫生间潮气外，也增大了渗漏水风险。增设暗地漏的目的是排除瓷砖层下的积水，这样既增加了使用的舒适性，又减小了渗漏水的风险，也避免了邻里纠纷的产生

5.3.10 卫生间精装修门槛防水构造做法（表 5–11）

表 5–11 卫生间精装修门槛防水构造做法

设计图示	施工图示
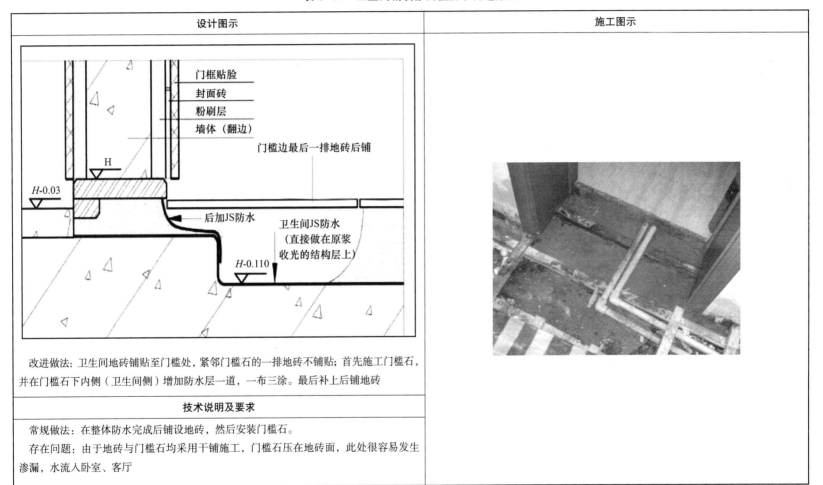	

改进做法：卫生间地砖铺贴至门槛处，紧邻门槛石的一排地砖不铺贴；首先施工门槛石，并在门槛石下内侧（卫生间侧）增加防水层一道，一布三涂。最后补上后铺地砖

技术说明及要求

常规做法：在整体防水完成后铺设地砖，然后安装门槛石。

存在问题：由于地砖与门槛石均采用干铺施工，门槛石压在地砖面，此处很容易发生渗漏，水流入卧室、客厅

5.3.11 卫生间精装修管道井地面防水构造做法（表5-12）

表5-12 卫生间精装修管道井地面防水构造做法

设计图示	技术说明及要求
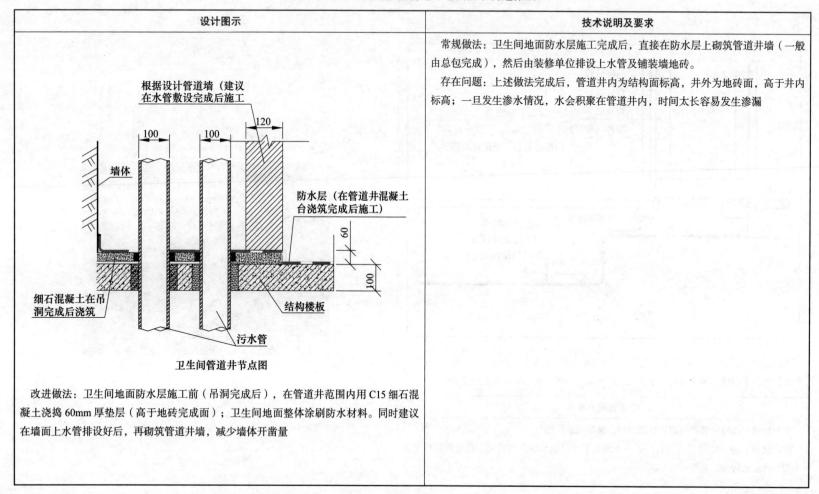 卫生间管道井节点图 改进做法：卫生间地面防水层施工前（吊洞完成后），在管道井范围内用 C15 细石混凝土浇捣 60mm 厚垫层（高于地砖完成面）；卫生间地面整体涂刷防水材料。同时建议在墙面上水管排设好后，再砌筑管道井墙，减少墙体开凿量	常规做法：卫生间地面防水层施工完成后，直接在防水层上砌筑管道井墙（一般由总包完成），然后由装修单位排设上水管及铺装墙地砖。 存在问题：上述做法完成后，管道井内为结构面标高，井外为地砖面，高于井内标高；一旦发生渗水情况，水会积聚在管道井内，时间太长容易发生渗漏

图中标注文字：
- 根据设计管道墙（建议在水管敷设完成后施工）
- 墙体
- 100 100 120
- 防水层（在管道井混凝土台浇筑完成后施工）
- 60 100
- 细石混凝土在吊洞完成后浇筑
- 结构楼板
- 污水管

6 屋面及露台工程防渗漏宝典

6.1 屋面及露台常见渗漏状况及主要原因（表 6-1）

表 6-1　屋面及露台常见渗漏状况及主要原因

渗漏部位	主要渗漏原因及问题照片
1. 屋面楼板渗水	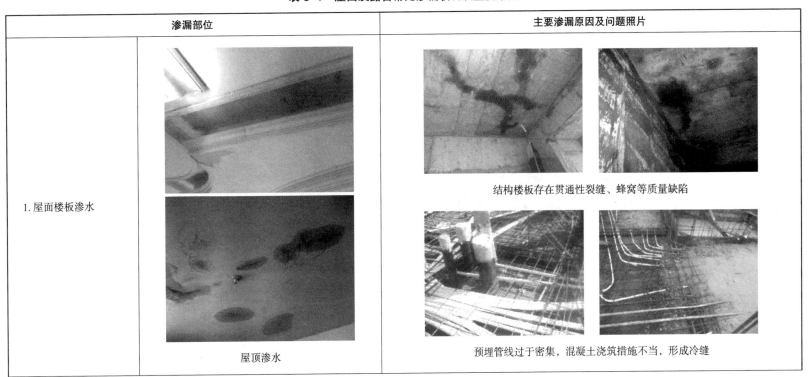 结构楼板存在贯通性裂缝、蜂窝等质量缺陷 预埋管线过于密集，混凝土浇筑措施不当，形成冷缝 屋顶渗水

续表

渗漏部位	主要渗漏原因及问题照片
1.屋面楼板渗水	基层处理不到位　 卷材未有效黏结 屋面保护层大面积开裂 女儿墙阴角卷材未设置 R 角、卷材未上翻、卷材收口不合理

屋顶渗水

续表

渗漏部位	主要渗漏原因及问题照片
2. 屋顶管道周边渗水	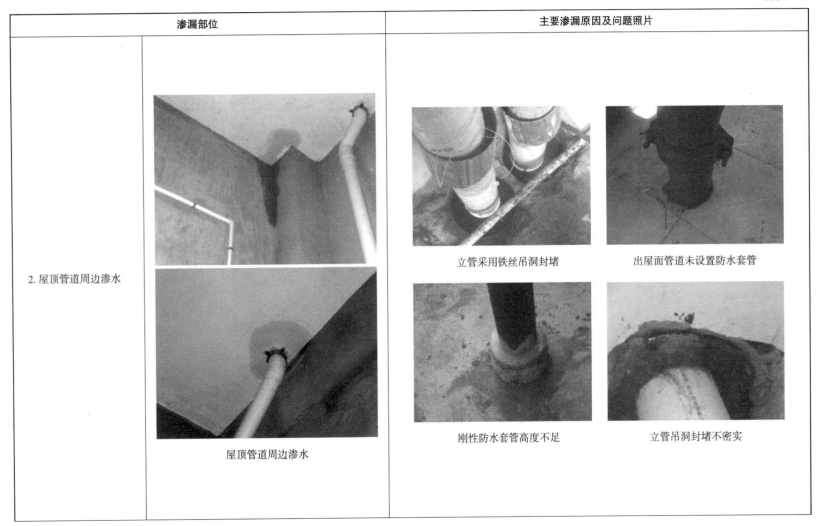 立管采用铁丝吊洞封堵　　出屋面管道未设置防水套管 刚性防水套管高度不足　　立管吊洞封堵不密实 屋顶管道周边渗水

渗漏部位	主要渗漏原因及问题照片
2. 屋顶管道周边渗水	穿管偏位，导致封堵不密实　出屋面烟道未设置防水混凝土反坎 出屋面烟道口未设置防雨措施　未设置导水槽、挡水坎，收口不合理 烟帽与结构存在缝隙

屋顶管道周边渗水

续表

渗漏部位		主要渗漏原因及问题照片
3.屋顶外墙根部渗漏	屋顶外墙根部渗漏	 屋面外墙根部未按要求设置混凝土反坎 露台泛水（反坎）使用对拉螺杆（或用铁丝）固定模板

渗漏部位		主要渗漏原因及问题照片
4.大商业采光顶铝板屋面渗漏	采光顶渗漏	屋面采光顶窗楣部位设计无批水板　 玻璃与构件缝隙较小、建筑变形，容易使玻璃破损 铝板封闭胶可能存在开裂渗漏的现象

续表

渗漏部位		主要渗漏原因及问题照片
5.屋面渗漏节点深化不到位等其他问题	天沟、檐口、雨篷、女儿墙侧排口	屋面天沟排水坡度不足，天沟、雨篷板设置存在积水 防水卷材未卷入排水口内 雨水顺女儿墙顶部流入烟道内 屋面出入口部位雨篷板设置缺失 雨水斗后装，破坏保温，雨水溢流，易渗入墙体内 屋面混凝土防水反坎、防水层设置高度不足

6.2 屋面及露台防渗漏管控宝典

（1）屋面防渗漏应执行《屋面工程质量验收规范》（GB 50207—2012）和《屋面工程技术规范》（GB 50345—2012）等标准的规定，并符合设计图纸的要求。

（2）防水工程施工前，项目技术负责人必须组织技术人员进行图纸会审，掌握工程主体及细部构造的防水技术要求，防水施工承包单位必须编制防水工程专项施工方案，报送监理单位、建设单位审批后方可开展施工。

（3）屋面结构自防水是屋面防水的重要组成部分，为了提高屋面自防水的性能，除了根据结构受力计算确定配筋以外，还应考虑温差等影响，适当增大屋面板的配筋率，在板中配置双层双向钢筋网对控制屋面板裂缝、提高结构自防水性能有显著的作用。另外，适当降低屋面混凝土坍落度，在混凝土振捣密实后采取表面二次压实收光等施工措施，都会提高屋面自防水性能。混凝土应采用抗渗混凝土。

（4）女儿墙和山墙应采用钢筋混凝土翻边，并应高出建筑完成面不小于250mm。女儿墙、山墙部位，屋面防水层一般在墙内侧收头，外墙防水层在墙外侧压顶底收头，两者往往是不连续的；如构造处理不当，雨水很容易从防水背后的女儿墙、山墙的裂缝渗入室内。因此采用钢筋混凝土翻边可以从结构上做好女儿墙和山墙防水的基础工作。

（5）屋面上人孔、高低跨、等高变形缝、出屋面管井等部位应采用钢筋混凝土翻边，并应高出建筑完成面250mm以上。可以从结构上做好与屋面交接部位防水的基础工作。

（6）现浇混凝土结构屋面板宜随捣随抹平；板状材料保温层上的找平层应采用不小于40mm厚的C20细石混凝土，内配钢筋网片。在屋面结构层上直接施作防水层时，采用屋面结构混凝土随捣随抹平，省去水泥砂浆找平层，既减少了构造层次和费用，同时防水层与结构基层粘贴牢固，可以很好地避免窜水现象的发生。

根据调研资料，板状材料保温层上采用水泥砂浆找平层时，找平层开裂现象频繁，因此《屋面工程技术规范》（GB 50345—2012）中规定了板状材料保温层上应采用细石混凝土找平层，但在实际工程中，仍然出现大量采用水泥砂浆找平层的现象，因此很有必要重新强调。

（7）平屋面采用结构找坡不应小于3%，采用材料找坡宜为2%；天沟、檐沟纵向找坡不应小于1%，沟底水落差不得超过200mm；落水斗口周围500mm范围内坡度不小于5%。

（8）斜屋面混凝土：斜屋面混凝土必须浇捣密实。当屋面坡度大于45°时，应在上部支设封闭模板，防止混凝土因坍落度过大而难以浇筑或混凝土浇筑不密实。

（9）防水设防的防水层宜设置在保温层下部。将防水层设置在保温层下面的构造做法的优越性显而易见，由于防水层被保温层埋置封闭，大大提高了防水层的使用寿命，同时，防水层直接与结构层黏结，防止水在防水层下窜流，提高了防水层的可靠性，即使出现局部渗漏，也便于查找漏源。为了保证防水层与结构层有效黏结，应优先采取结构找坡。

（10）屋面防水混凝土保护层的分格缝间距不得大于规范规定的4m×4m，以利于混凝土自由收缩、在分格缝间不出现不可控裂缝。分格缝内嵌填密封膏。平屋面应优先选择结构找坡，以避免找坡带来的房屋质量增加和找坡层裂缝。

（11）立面防水高度不小于250mm，是指完成所有设计做法后往上不小于250mm，同样如有凸出屋面的设备基础、管道的立面防水高度也需满足此规定。

（12）所有防水层在阴阳角、管根、管井、地漏等部位都需要按规定做防水加强层，防水加强层除说明外，材料及做法与地面防水层相同，沿垂直、水平方向各延伸250mm。

（13）屋面落水口堵塞会引起屋面积水超载并增加屋面渗漏水风险，故除建立定期屋面清理制度外，屋面女儿墙处尚应设置溢水口。

6.3 屋面及露台节点构造做法宝典

6.3.1 平屋面及女儿墙防水构造做法（表6-2）

表 6-2 平屋面及女儿墙防水构造做法

设计图示	技术说明及要求

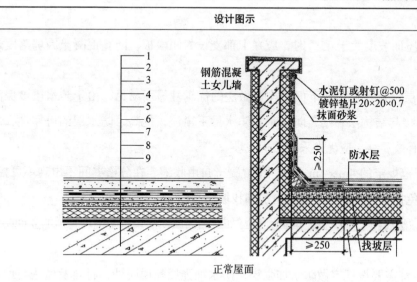

正常屋面

1 屋面饰面层，根据设计要求施工。

2 250mm 厚 C20 细石混凝土，内配 ϕ6@200 双向钢筋网片。

3 隔离层。

4 防水层：

   方案一：卷材＋卷材

   方案二：涂料＋卷材

5 找平层。

6 找坡层。

7 保温层。

8 防水层。

9 屋面结构板

技术说明及要求

1. 种植上人平屋面泛水高度：种植土完成面以上 250mm。非种植上人平屋面泛水高度：建筑完成面以上 250mm。

2. 屋面混凝土浇筑要求结构找坡 0.5%~1%，结构面原浆收平。防水涂膜应在结构板原浆收平的基面上直接涂刷。涂刷前，对基层修补平整，阴阳角做半径不小于 50mm 圆弧处理。

3. 女儿墙根部、出屋面管道、烟道、落水口等阴角部位须增加防水加强层（聚氨酯＋无纺布），防水加强层应从阴角开始上翻和水平延伸各不小于 250mm。

4. 闭水试验：防水层施工前后各做一次，将落水口临时封堵，进行 24h 闭水试验，屋面最高处蓄水深度 30~50mm。安排专人检查、记录，发现渗漏应分析原因并整改，整改完成后再次闭水试验，直至无渗漏发生。

5. 不上人屋面除饰面层，防水构造与上人屋面相同。

6. 天沟排水坡度顺水，无积水、存水现象。

7. 凸出的穿屋面板管，先做防水加强层（聚氨酯＋无纺布），再做大面卷材。

8. 与混凝土面齐平的穿屋面板管，用聚氨酯贴 15cm 宽无纺布加强（管内 5cm、平面 10cm）。

9. 屋面大平面卷材应美观，Logo 同朝向，横平竖直，不空鼓，收头处应弹线，保证一条线。

10. 先做女儿墙立面水性沥青防水涂料，一布三涂，再做平面防水，卷材上墙 250mm，然后做立面卷材，下翻平面 250mm。

续表

设计图示	技术说明及要求
倒置式屋面	11. 屋面穿墙管与顶板穿墙管做法相同，女儿墙同顶板挡土墙。 12. 屋面防水施工，应先做落水口等节点，再做大平面防水。 13. 女儿墙收头同顶板挡土墙做法

立面防水保护问题（卷材外表面较光滑，粉刷后容易空鼓、开裂）

解决办法一：

平面卷材上翻女儿墙 250mm 高；

女儿墙立面可使用外露涂料，则无须做保护层，立面涂料下翻平面 250mm 宽，与屋面防水搭接。

方案：2.0mm 厚聚脲防水涂料，内置聚酯网格布（一布三涂）。

解决办法二：

女儿墙立面卷材施工完成后，因卷材不能外露，必须做保护层，保护层做法为挂镀锌电焊铁丝网抹灰。

解决办法三：

1.5 mm 厚水性沥青防水涂料 +3.0mm 或 4.0mm 厚页岩面（细砂面）SBS 卷材。女儿墙立面先施工 1.5mm 厚水性沥青防水涂料（滚涂三遍），涂料下翻平面 250mm 宽，然后屋面平面卷材上翻女儿墙 250mm 高，若平面为自粘无胎卷材，需要用火枪先烘烤去掉表面的膜层，露出沥青胶层，解决卷材的搭接相容问题，然后女儿墙再热熔 3.0 mm 或 4.0mm 厚页岩面（细砂面）SBS 卷材至墙根阴角处。

注：首选可暴露的聚脲涂层，次选卷材类挂网

续表

施工图示

屋面聚氨酯防水涂膜施工

屋面防水卷材铺贴

泛水上部防水压槽施工

圆角完成面

屋面饰面层及分隔缝设置

屋面排水簸箕设置

质量控制点：
①管根、雨水口、排气道四周封堵
②女儿墙、出屋面管道四周封堵及圆角、防水加强层施工
③防水施工质量控制
④屋面及天沟排水坡度
⑤闭水试验
⑥刚性保护层及分格缝

6.3.2 坡屋面及外天沟防水构造做法（表6-3）

表6-3 坡屋面及外天沟防水构造做法

设计图示	施工图示
烧结瓦或混凝土瓦 ≥250 250 卷材防水层 涂料防水层 外天沟（檐沟） 方案一：2.0mm厚丙烯酸高弹外露型防水涂膜（一布五涂） 方案二：2.0mm厚单组分聚脲防水涂料，内置聚酯网格布（一布三涂）	  坡屋面、檐沟防水做法

技术说明及要求	
1. 坡屋面浇筑混凝土后，施工一道水泥砂浆找平层。 2. 防滑落植筋处必须嵌填防水油膏再补刷聚氨酯涂膜。 3. 檐沟和天沟防水层伸入屋面的宽度不应小于250mm，屋面防水层下翻深度不应小于250mm。金属压条固定，钉眼用硅酮胶密封。 4. 顺水条安装打孔应有限制孔深措施，禁止打破防水层。 5. 檐沟槽内向落水口处最小1%~3%找坡（利用保温砂浆找坡）。 6. 加强落水口处防水处理（参照卫生间地漏做法）。 7. 檐口排水沟坡度≥1%，最高点与出水口高差应≥200mm。 8. 檐沟和天沟宽度≥50cm，应做砂浆保护层，防水做法按照屋面做法。 9. 檐沟和天沟宽度＜50cm，用单组分聚脲防水涂料，内置聚酯网格布（一布三涂）。 10. 先做檐沟和天沟防水，再做大平面防水	质量控制点： ①坡屋面防水施工 ②檐沟坡度及防水施工 ③落水口四周防水 ④闭水试验

6.3.3　内天沟防水构造做法（表6-4）

表6-4　内天沟防水构造做法

设计图示	施工图示
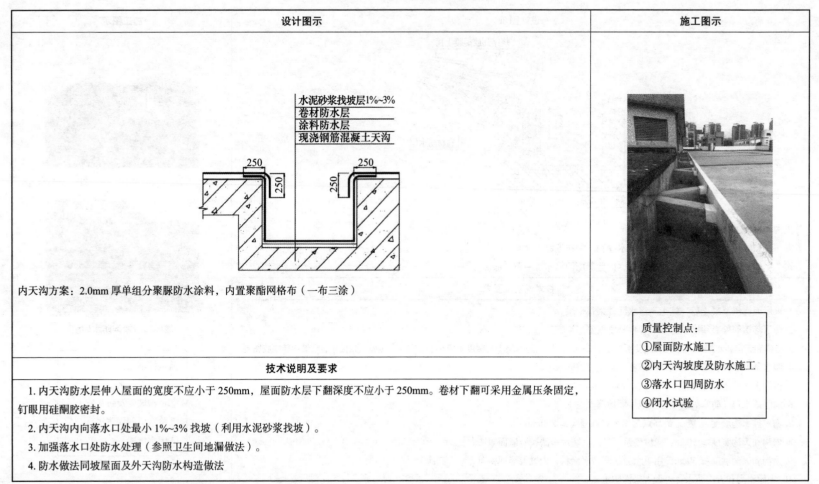 水泥砂浆找坡层1%~3% 卷材防水层 涂料防水层 现浇钢筋混凝土天沟 250　　　　250 250　　250 内天沟方案：2.0mm厚单组分聚脲防水涂料，内置聚酯网格布（一布三涂）	质量控制点： ①屋面防水施工 ②内天沟坡度及防水施工 ③落水口四周防水 ④闭水试验

技术说明及要求
1. 内天沟防水层伸入屋面的宽度不应小于250mm，屋面防水层下翻深度不应小于250mm。卷材下翻可采用金属压条固定，钉眼用硅酮胶密封。 2. 内天沟内向落水口处最小1%~3%找坡（利用水泥砂浆找坡）。 3. 加强落水口处防水处理（参照卫生间地漏做法）。 4. 防水做法同坡屋面及外天沟防水构造做法

6.3.4 屋面通风口防水节点做法（表6-5）

表6-5 屋面通风口防水节点做法

设计图示	施工图示
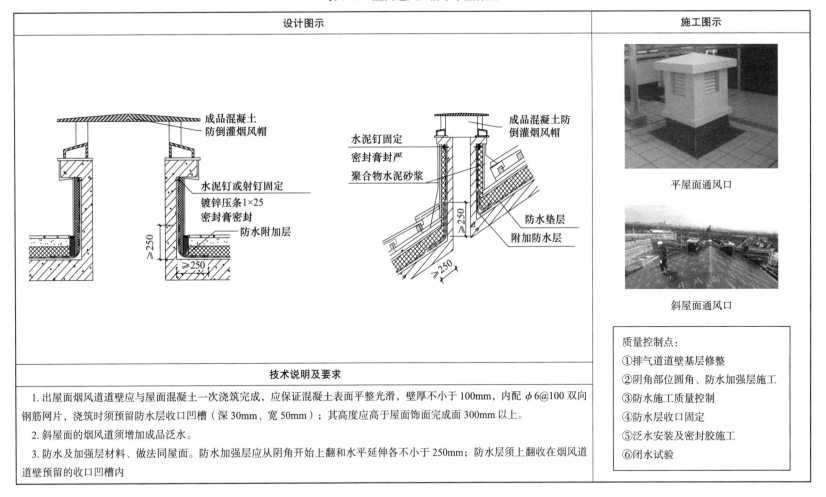	

平屋面通风口

斜屋面通风口

质量控制点：
①排气道道壁基层修整
②阴角部位圆角、防水加强层施工
③防水施工质量控制
④防水层收口固定
⑤泛水安装及密封胶施工
⑥闭水试验

技术说明及要求

1. 出屋面烟风道道壁应与屋面混凝土一次浇筑完成，应保证混凝土表面平整光滑，壁厚不小于100mm，内配 $\phi 6@100$ 双向钢筋网片，浇筑时须预留防水层收口凹槽（深30mm、宽50mm）；其高度应高于屋面饰面完成面300mm以上。

2. 斜屋面的烟风道须增加成品泛水。

3. 防水及加强层材料、做法同屋面。防水加强层应从阴角开始上翻和水平延伸各不小于250mm；防水层须上翻收在烟风道道壁预留的收口凹槽内

6.3.5 屋面排气道防水节点做法（表6-6）

表6-6 屋面排气道防水节点做法

设计图示	施工图示

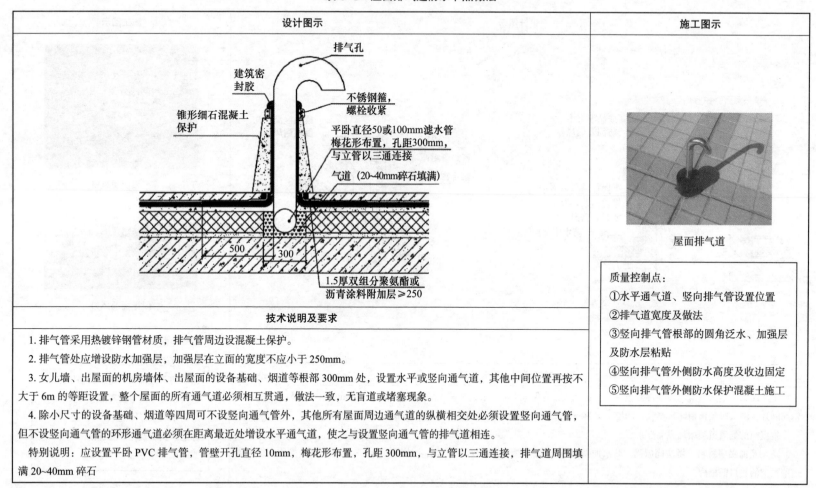

技术说明及要求

1. 排气管采用热镀锌钢管材质，排气管周边设混凝土保护。

2. 排气管处应增设防水加强层，加强层在立面的宽度不应小于250mm。

3. 女儿墙、出屋面的机房墙体、出屋面的设备基础、烟道等根部300mm处，设置水平或竖向通气道，其他中间位置再按不大于6m的等距设置，整个屋面的所有通气道必须相互贯通，做法一致，无盲道或堵塞现象。

4. 除小尺寸的设备基础、烟道等四周可不设竖向通气管外，其他所有屋面周边通气道的纵横相交处必须设置竖向通气管，但不设竖向通气管的环形通气道必须在距离最近处增设水平通气道，使之与设置竖向通气管的排气道相连。

特别说明：应设置平卧PVC排气管，管壁开孔直径10mm，梅花形布置，孔距300mm，与立管以三通连接，排气道周围填满20~40mm碎石

质量控制点：
①水平通气道、竖向排气管设置位置
②排气道宽度及做法
③竖向排气管根部的圆角泛水、加强层及防水层粘贴
④竖向排气管外侧防水高度及收边固定
⑤竖向排气管外侧防水保护混凝土施工

6.3.6 屋面落水口防水节点做法（表 6-7）

表 6-7 屋面落水口防水节点做法

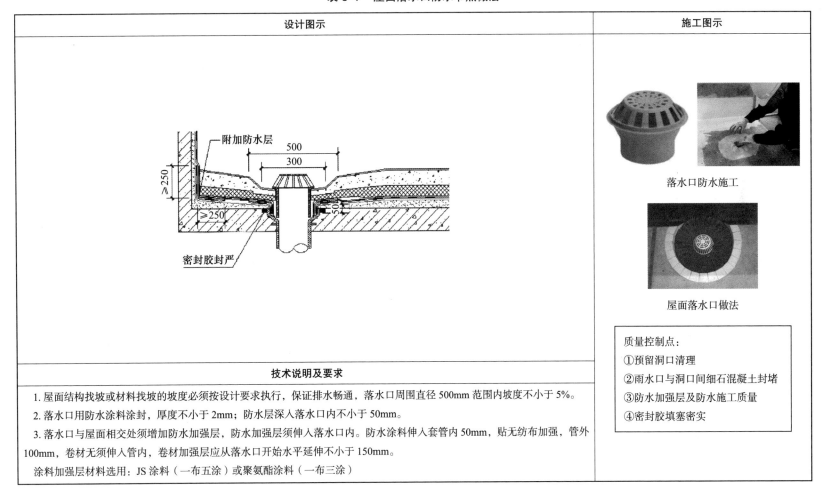

设计图示	施工图示
	落水口防水施工
	屋面落水口做法
	质量控制点： ①预留洞口清理 ②雨水口与洞口间细石混凝土封堵 ③防水加强层及防水施工质量 ④密封胶填塞密实

技术说明及要求

1. 屋面结构找坡或材料找坡的坡度必须按设计要求执行，保证排水畅通，落水口周围直径 500mm 范围内坡度不小于 5%。

2. 落水口用防水涂料涂封，厚度不小于 2mm；防水层深入落水口内不小于 50mm。

3. 落水口与屋面相交处须增加防水加强层，防水加强层须伸入落水口内。防水涂料伸入套管内 50mm，贴无纺布加强，管外 100mm，卷材无须伸入管内，卷材加强层应从落水口开始水平延伸不小于 150mm。

涂料加强层材料选用：JS 涂料（一布五涂）或聚氨酯涂料（一布三涂）

6.3.7 女儿墙侧排口防水节点做法（表6-8）

表6-8 女儿墙侧排口防水节点做法

设计图示	施工图示

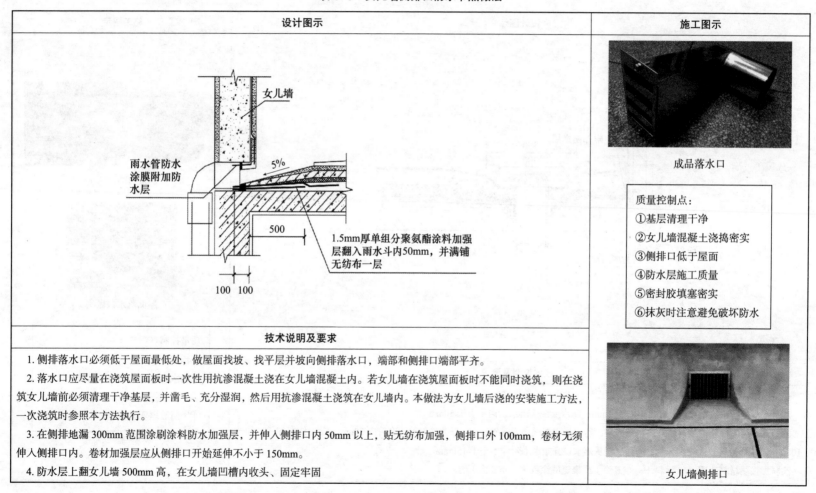

设计图示	施工图示
女儿墙 5% 雨水管防水涂膜附加防水层 500 100 100 1.5mm厚单组分聚氨酯涂料加强层翻入雨水斗内50mm，并满铺无纺布一层	成品落水口 质量控制点： ①基层清理干净 ②女儿墙混凝土浇捣密实 ③侧排口低于屋面 ④防水层施工质量 ⑤密封胶填塞密实 ⑥抹灰时注意避免破坏防水 女儿墙侧排口

技术说明及要求

1. 侧排落水口必须低于屋面最低处，做屋面找坡、找平层并坡向侧排落水口，端部和侧排口端部平齐。

2. 落水口应尽量在浇筑屋面板时一次性用抗渗混凝土浇在女儿墙混凝土内。若女儿墙在浇筑屋面板时不能同时浇筑，则在浇筑女儿墙前必须清理干净基层，并凿毛、充分湿润，然后用抗渗混凝土浇筑在女儿墙内。本做法为女儿墙后浇的安装施工方法，一次浇筑时参照本方法执行。

3. 在侧排地漏300mm范围涂刷涂料防水加强层，并伸入侧排口内50mm以上，贴无纺布加强，侧排口外100mm，卷材无须伸入侧排口内。卷材加强层应从侧排口开始延伸不小于150mm。

4. 防水层上翻女儿墙500mm高，在女儿墙凹槽内收头、固定牢固

6.3.8 平屋面变形缝防水节点做法（表6-9）

表6-9 平屋面变形缝防水节点做法

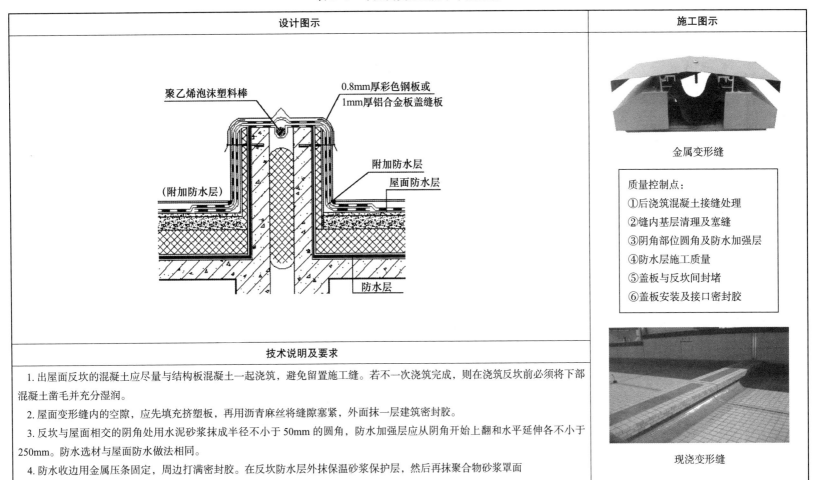

设计图示	施工图示

设计图示部分标注：
聚乙烯泡沫塑料棒
0.8mm厚彩色钢板或1mm厚铝合金板盖缝板
（附加防水层）
附加防水层
屋面防水层
防水层

施工图示部分标注：
金属变形缝

质量控制点：
①后浇筑混凝土接缝处理
②缝内基层清理及塞缝
③阴角部位圆角及防水加强层
④防水层施工质量
⑤盖板与反坎间封堵
⑥盖板安装及接口密封胶

现浇变形缝

技术说明及要求

1. 出屋面反坎的混凝土应尽量与结构板混凝土一起浇筑，避免留置施工缝。若不一次浇筑完成，则在浇筑反坎前必须将下部混凝土凿毛并充分湿润。

2. 屋面变形缝内的空隙，应先填充挤塑板，再用沥青麻丝将缝隙塞紧，外面抹一层建筑密封胶。

3. 反坎与屋面相交的阴角处用水泥砂浆抹成半径不小于50mm的圆角，防水加强层应从阴角开始上翻和水平延伸各不小于250mm。防水选材与屋面防水做法相同。

4. 防水收边用金属压条固定，周边打满密封胶。在反坎防水层外抹保温砂浆保护层，然后再抹聚合物砂浆罩面

6.3.9 外立面女儿墙施工缝防水节点做法（表6-10）

表6-10 外立面女儿墙施工缝防水节点做法

设计图示	技术说明及要求
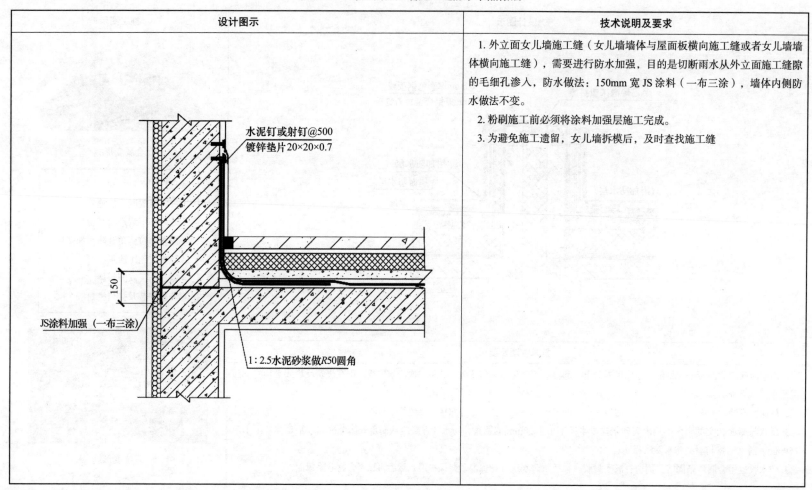	1. 外立面女儿墙施工缝（女儿墙墙体与屋面板横向施工缝或者女儿墙墙体横向施工缝），需要进行防水加强，目的是切断雨水从外立面施工缝隙的毛细孔渗入，防水做法：150mm 宽 JS 涂料（一布三涂），墙体内侧防水做法不变。 2. 粉刷施工前必须将涂料加强层施工完成。 3. 为避免施工遗留，女儿墙拆模后，及时查找施工缝

图中标注：
- 水泥钉或射钉@500 镀锌垫片20×20×0.7
- JS涂料加强（一布三涂）
- 150
- 1:2.5水泥砂浆做R50圆角

参考文献

[1]　中华人民共和国住房和城乡建设部，中华人民共和国国家质量监督检验检疫总局.地下防水工程质量验收规范：GB 50208—2011[S].北京：中国建筑工业出版社，2011.

[2]　中华人民共和国住房和城乡建设部，中华人民共和国国家质量监督检验检疫总局.地下工程防水技术规范：GB 50108—2008[S].北京：中国计划出版社，2009.

[3]　中华人民共和国住房和城乡建设部.种植屋面工程技术规程：JGJ 155—2013[S].北京：中国建筑工业出版社，2013.

[4]　中华人民共和国住房和城乡建设部，中华人民共和国国家质量监督检验检疫总局.建筑地面设计规范：GB 50037—2013[S].北京：中国计划出版社，2014.

[5]　中华人民共和国住房和城乡建设部，中华人民共和国国家质量监督检验检疫总局.建筑装饰装修工程质量验收规范：GB 50210—2018[S].北京：中国建筑工业出版社，2018.

[6]　中华人民共和国住房和城乡建设部，中华人民共和国国家质量监督检验检疫总局.建筑工程施工质量验收统一标准：GB 50300—2013[S].北京：中国建筑工业出版社，2014.

[7]　中华人民共和国住房和城乡建设部.住宅室内防水工程技术规范：JGJ 298—2013[S].北京：中国建筑工业出版社，2013.

[8]　中华人民共和国住房和城乡建设部.建筑外墙防水工程技术规程：JGJ/T 235—2011[S].北京：中国建筑工业出版社，2011.

[9]　中华人民共和国住房和城乡建设部，中华人民共和国国家质量监督检验检疫总局.建筑地面工程施工质量验收规范：GB 50209—2010[S].北京：中国计划出版社，2010.

[10] 中华人民共和国住房和城乡建设部，中华人民共和国国家质量监督检验检疫总局 . 住宅装饰装修工程施工规范：GB 50327—2001[S]. 北京：中国建筑工业出版社，2002.

[11] 中华人民共和国住房和城乡建设部，中华人民共和国国家质量监督检验检疫总局 . 屋面工程质量验收规范：GB 50207—2012[S]. 北京：中国建筑工业出版社，2012.

[12] 中华人民共和国住房和城乡建设部，中华人民共和国国家质量监督检验检疫总局 . 屋面工程技术规范：GB 50345—2012[S]. 北京：中国建筑工业出版社，2012.

[13] 中华人民共和国国家质量监督检验检疫总局，中国国家标准化管理委员会 . 塑性体改性沥青防水卷材：GB 18243—2008[S]. 北京：中国标准出版社，2008.

[14] 中华人民共和国国家质量监督检验检疫总局，中国国家标准化管理委员会 . 自粘聚合物改性沥青防水卷材：GB 23441—2009[S]. 北京：中国标准出版社，2009.

[15] 中华人民共和国国家质量监督检验检疫总局，中国国家标准化管理委员会 . 湿铺防水卷材：GB/T 35467—2017[S]. 北京：中国标准出版社，2018.

[16] 中华人民共和国国家质量监督检验检疫总局，中国国家标准化管理委员会 . 高分子防水材料 第 1 部分：片材：GB 18173.1—2012[S]. 北京：中国标准出版社，2013.

[17] 中华人民共和国国家质量监督检验检疫总局，中国国家标准化管理委员会 . 热塑性聚烯烃（TPO）防水卷材：GB 27789—2011[S]. 北京：中国标准出版社，2012.

[18] 国家市场监督管理总局，中国国家标准化管理委员会 . 预铺防水卷材：GB/T 23457—2017[S]. 北京：中国标准出版社，2017.

[19] 中华人民共和国国家质量监督检验检疫总局，中国国家标准化管理委员会 . 种植屋面用耐根穿刺防水卷材：GB/T 35468—2017[S]. 北京：中国标准出版社，2017.

[20] 中华人民共和国国家质量监督检验检疫总局，中国国家标准化管理委员会 . 聚氨酯防水涂料：GB/T 19250—2013[S]. 北京：中国标准出版社，2014.

[21] 中华人民共和国国家质量监督检验检疫总局，中国国家标准化管理委员会．聚合物水泥防水涂料：GB/T 23445—2009[S]．北京：中国标准出版社，2009．

[22] 中华人民共和国国家发展和改革委员会．聚合物乳液建筑防水涂料：JC/T 864—2008[S]．北京：中国建筑工业出版社，2008．

[23] 中华人民共和国工业和信息化部．非固化橡胶沥青防水涂料：JC/T 2428—2017[S]．北京：中国建筑工业出版社，2008．

[24] 中华人民共和国工业和信息化部．聚合物水泥防水砂浆：JC/T 984—2011[S]．北京：中国建筑工业出版社，2012．

[25] 国家市场监督管理总局，中国国家标准化管理委员会．预拌砂浆：GB/T 25181—2019[S]．北京：中国标准出版社，2019．

[26] 中华人民共和国工业和信息化部．聚合物水泥防水浆料：JC/T 2090—2011[S]．北京：中国建筑工业出版社，2012．

[27] 中华人民共和国国家质量监督检验检疫总局，中国国家标准化管理委员会．无机防水堵漏材料：GB 23440—2009[S]．北京：中国标准出版社，2009．

[28] 中华人民共和国国家质量监督检验检疫总局，中国国家标准化管理委员会．硅酮和改性硅酮建筑密封胶：GB/T 14683—2017[S]．北京：中国标准出版社，2017．

[29] 中华人民共和国国家发展和改革委员会．聚氨酯建筑密封胶：JC/T 482—2003[S]．北京：中国建筑工业出版社，2003．

[30] 中华人民共和国国家发展和改革委员会．聚硫建筑密封胶：JC/T 483—2006[S]．北京：中国建筑工业出版社，2007．

[31] 中华人民共和国国家发展和改革委员会．丙烯酸酯建筑密封胶：JC/T 484—2006[S]．北京：中国建筑工业出版社，2022．

[32] 中华人民共和国国家质量监督检验检疫总局，中国国家标准化管理委员会．高分子防水材料 第3部分：遇水膨胀橡胶：GB/T 18173.3—2014[S]．北京：中国标准出版社，2015．

[33] 中华人民共和国住房和城乡建设部．遇水膨胀止水胶：JG/T 312—2011[S]．北京：中国标准出版社，2011．

[34] 中华人民共和国工业和信息化部．透汽防水垫层：JC/T 2291—2014[S]．北京：中国建筑工业出版社，2015．

[35] 中华人民共和国工业和信息化部．高分子防水卷材胶粘剂：JC/T 863—2011[S]．北京：中国建筑工业出版社，2012．

[36] 中华人民共和国国家发展和改革委员会．坡屋面用防水材料 聚合物改性沥青防水垫层：JC/T 1067—2008[S]．北京：中国建筑工业出版社，2008．

[37] 中华人民共和国国家发展和改革委员会 . 坡屋面用防水材料 自粘聚合物改性沥青防水垫层：JC/T 1068—2008[S]. 北京：中国
　　　建筑工业出版社，2008.

[38] 中华人民共和国国家发展和改革委员会 . 沥青基防水卷材用基层处理剂：JC/T 1069—2008[S]. 北京：中国建筑工业出版社，
　　　2008.

[39] 中华人民共和国国家质量监督检验检疫总局，中国国家标准化管理委员会 . 自粘聚合物沥青泛水带：JC/T 1070—2008[S]. 北
　　　京：中国标准出版社，2008.

[40] 中华人民共和国国家发展和改革委员会 . 丁基橡胶防水密封胶粘带：JC/T 942—2004[S]. 北京：中国建筑工业出版社，2004.

[41] 夏仁宝，夏经纬，厉兴 . 屋面防水系统找平做法探讨 [J]. 浙江建筑，2016，33(11)：46-49，62.

[42] 夏仁宝，游劲秋，陈捷翔 . 新编浙江省《建筑防水工程技术规程（DB33/T 1147—2018）》介绍 [J]. 浙江建筑，2018，35(09)：
　　　35-37，61.

[43] 夏仁宝，夏经纬 . 地下工程底板卷材防水做法探讨 [J]. 浙江建筑，2014，31(11)：39-42.

参编单位简介

浙江固象建筑科技有限公司，成立于 2010 年，注册资本 5000 万元，是浙江省专业的防水及地坪漆方案提供商和承建商，总部位于杭州钱塘江畔。公司成立之初就确定了以经营代理科顺防水（股票代码：300737）为主的战略方针。经过不懈努力，公司连续 10 年在科顺防水代理商中名列前茅，最终形成了混凝土防水、钢结构防水、地坪漆、建筑修缮四大分项工程的供材及施工业务。公司具有防水防腐保温工程专业承包贰级资质，建筑装修装饰工程专业承包贰级资质，能独立承接防水、防腐、保温、地坪漆、建筑修缮、二改等各种工程。

浙江固象新材料科技有限公司（前身为浙江固象建筑材料有限公司），成立于 2019 年，注册资本 5000 万元，历经十余年的稳健经营和高效发展，现成长为集科研、生产、销售、施工及技术服务于一体的新兴科技型企业，业务范围涵盖高质量防水材料、地坪漆防腐材料、建筑修缮材料、暴露厚涂型聚脲的生产、销售、施工及技术咨询。公司具有防水防腐保温工程专业承包贰级资质、建筑装修装饰工程专业承包贰级资质，拥有专业的管理人员和施工人员 300 多人，专业技术工程师 20 多人，充分发挥规模经营，让专业的人做专业的事的优势，为数以千计的重大基础设施建设、工业建筑和民用、商用建筑提供高品质的防水及地坪漆系统解决方案，已成为优质的建筑建材系统服务商。

固象公司始终以"社会认可度 客户美誉度 员工满意度"为企业追求；以"助力客户 成就员工 贡献行业 回报社会"为企业责任；以"做有责任 有尊严 有梦想的企业"为企业使命。力争为行业提供优质的产品及施工服务。

优秀的企业是经济组织，满足顾客需求，创造更高价值，而伟大的企业则是社会组织，固象以创新型、高品质的产品和服务，建立行业领导地位，促进行业、社会发展，为亿万群众提供安稳无忧的美好生活。随着"技术固象、诚信固象、服务固象"经营理念的推进，固象公司将继续拓展运营思路、优化组织架构、聚焦渠道建设，以卓越的产品和服务回报社会，实现"推动行业发展　弘扬工匠精神"的伟大愿景！

我们不忘初心，专业专注，愿与全国各地的朋友真诚合作，携手共赢，共同实现"延展建筑生命、守护美好生活"的伟大愿景！

公司地址：浙江杭州萧山区钱江世纪城民和路祥腾财富中心 2 幢 1707 室　　　邮箱：duankkk@126.com　　电话：0571-86010719

浙江固象建筑科技有限公司　　浙江固象新材料科技有限公司

董事长：段启全　　电话：13754319888（同微信）